# 高等数学教学方法策略研究

蔡　敏◎著

中国商务出版社

·北京·

**图书在版编目（CIP）数据**

高等数学教学方法策略研究／蔡敏著. -- 北京：
中国商务出版社，2025.1. -- ISBN 978-7-5103-5631-5

Ⅰ. O13-42

中国国家版本馆 CIP 数据核字第 2025E9C145 号

# 高等数学教学方法策略研究

蔡　敏◎著

出版发行：中国商务出版社有限公司

地　　址：北京市东城区安定门外大街东后巷 28 号　　邮　　编：100710

网　　址：http://www.cctpress.com

联系电话：010—64515150（发行部）　　　010—64212247（总编室）

　　　　　010—64515164（事业部）　　　010—64248236（印制部）

责任编辑：丁海春

排　　版：北京天逸合文化有限公司

印　　刷：宝蕾元仁浩（天津）印刷有限公司

开　　本：710 毫米×1000 毫米　1/16

印　　张：14　　　　　　　　　　　　　字　　数：212 千字

版　　次：2025 年 1 月第 1 版　　　　　　印　　次：2025 年 1 月第 1 次印刷

书　　号：ISBN 978-7-5103-5631-5

定　　价：79.00 元

# 前　言

　　高等数学作为高等院校理工科专业的重要基础课程，不仅在培养学生逻辑思维和问题解决能力方面发挥着核心作用，还是学生后续学习其他专业课程的基础。然而，随着高等教育的大众化，高等数学教学面临着较大的挑战。一方面，学生数学基础、学习能力和学习态度的差异使得教学难度增加；另一方面，传统的教学方法已不能完全适应现代高等教育的需求，导致教学质量不尽如人意。因此，探索高等数学教学方法策略，提升教学效果，已成为当前高等数学教育改革的重要课题。

　　本书共分为八章，系统地研究了高等数学的教学方法与策略，内容层次分明，逻辑清晰。首先，对高等数学的基本内容框架、分支学科的特点与难点及数学思维与能力培养目标进行了全面分析；其次，深入探讨了教学内容与课程设计的创新路径，包括核心知识点的重新梳理、跨学科整合与数学应用的新视角及课程设计原则等；再次，详细论述了以学生为中心的教学方法，如自主学习、合作学习等，并探讨了技术驱动的高等数学教学模式；又次，研究了探究式、发现式、项目式及问题导向等现代教学方法在高等数学中的实践应用；最后，对高等数学教学中的评价与反馈机制及教师的专业发展与培训进行了深入探讨，旨在全面提升高等数学的教学质量和效果。

作　者

2024.11

# 目　录

# 第一章　高等数学教学内容与特点分析

## 第一节　高等数学的基本内容框架

### 一、函数与极限

#### （一）函数的概念与性质

在数学学科的严谨体系中，函数被明确定义为一种特殊的对应关系。它将定义域中的每一个元素映射到值域中对应的唯一的一个元素上。这种映射关系体现了数学的确定性和精确性，是数学分析、物理研究等领域不可或缺的基础。函数的特性是深入理解和运用函数的关键。有界性反映了函数值在一定范围内的变化；单调性则描述了函数值随自变量变化的趋势；奇偶性体现了函数图象的对称性；而周期性则表明函数值在一定自变量变化后会出现重复。这些特性不仅有助于更好地理解函数的概念，也为解决实际问题提供了有力的数学支持。基本初等函数，如幂函数、指数函数、对数函数以及三角函数等，构成了复杂函数的基本组成单元。这些函数各具特点：幂函数反映了变量之间的幂次关系，指数函数和对数函数则描述了数量的快速增长或衰减，而三角函数则与角度、长度等几何量密切相关。这些基本初等函数不仅在数学中有着广泛的应用，也是物理学、工程学等其他学科的重要工具。

### （二）数列极限与函数极限

数列极限专注于探究数列元素的收敛行为，即随着项数的无限增加，数列会趋向于一个特定的值，这一研究不仅揭示了数列的内在性质，也为数列的进一步分析提供了理论基础。相对而言，函数极限着眼于函数值在自变量接近某一特定点时的变化动向，这种对函数局部行为的精细刻画，有助于更深入地理解函数的本质特性。在探究极限的过程中，其性质起着至关重要的作用。极限的唯一性确保了变量变化的确定性，避免了模糊和歧义；其局部有界性则揭示了变量在极限点附近的有序性，为函数的局部分析提供了依据；而其局部保号性进一步印证了函数在极限点附近的行为模式，对于判断函数的符号变化具有重要意义。此外，无穷小与无穷大的概念为极限的研究提供了一种新视角。对这两个概念的深入探讨，可以更加精确地描述变量在极限过程中的细微变化，从而更全面地把握极限的实质。

## 二、微分学

### （一）导数的定义与性质

导数是探讨函数在某一点附近的行为的基础，保证了函数在该点处的变化率可以被精确定义。从几何角度来看，导数的值对应于函数图象上某一点处切线的斜率，这一几何意义直观地展示了函数在该点的局部变化趋势。而在物理领域，导数则被广泛应用于描述质点的瞬时速度、加速度等动态特性，体现了其在解决实际问题中的实用价值。在求解导数的过程中，基本求导公式、四则运算规则、复合函数求导法则以及反函数求导法则等构成了坚实的理论基础。这些法则和公式不仅为求解各类函数的导数提供了明确的方法指导，还通过层层递进的逻辑体系，深化了对导数概念的理解。其中，基本求导公式是求解简单函数导数的基础；四则运算规则能够处理更为复杂的函数表达式；复合函数求导法则揭示了复合函数与其组成部分导数之间的关系；而反函数求导法则进一步拓展了导数的应用范围，探究了反函数与原函数在导数层面的相互联系。

### （二）微分中值定理与导数的应用

微分中值定理包括罗尔中值定理、拉格朗日中值定理和柯西中值定理等，是微分学理论体系中不可或缺的组成部分。这些定理深刻地揭示了函数在某一区间内的平均变化率与某一点瞬时变化率之间的内在联系，为研究和理解函数的局部与整体性质提供了有力的工具。罗尔中值定理作为微分中值定理的基础，指出了函数在闭区间上连续、开区间上可导且端点函数值相等的条件下，至少存在一点使得导数的值为零。这一结论为后续定理的推导奠定了基石。拉格朗日中值定理则进一步推广了罗尔中值定理，它表明在相同条件下，总存在一点，其导数的值等于区间端点连线的斜率，即平均变化率，从而沟通了函数局部与整体的关系。柯西中值定理作为一般形式，涉及两个函数的比值，为分析复杂函数关系提供了更为灵活的手段。

## 三、积分学

### （一）不定积分与定积分

不定积分与定积分共同构成了积分学的两大基石，它们从不同的角度揭示了函数的积分性质及其在众多领域中的应用价值。不定积分，本质上是一个求原函数的过程，通过对函数进行反微分，得到其所有可能的原函数族。这一过程不仅体现了微分与积分之间的深刻联系，还为后续求解定积分提供了必要的理论基础。而定积分作为求函数在特定区间上累积量的方法，反映的是函数在该区间内的整体效应。这种从局部到整体的转变，使得定积分在解决实际问题中显示出巨大的威力。在探讨不定积分与定积分的概念时，不可避免地会涉及它们的性质。不定积分的性质主要关注原函数的存在性、唯一性（在常数项差异下）以及积分运算的线性性质等。这些性质为不定积分的计算提供了指导原则。而定积分的性质则更多地涉及积分的可加性、区间的可拆性，以及积分值与函数值之间的关系等，这些性质为定积分的实际应用提供了便利。在计算方法上，不定积分与定积分各有其独特的技巧。不定积分的求解往往依赖于基本积分公式、换元法、分部积分法等手段，而定积分的计算则可能涉及牛顿-莱布尼茨公式、数值积分方法等多种技术。这些计算方法不仅丰富了积分学的理论体系，也为解决实际问题提供了有力的工具。

### （二）变限积分与反常积分

变限积分的独特性在于积分限是由函数所确定的，这一特点使得变限积分在解决实际问题时具有更广泛的适用性。在求解微分方程时，变限积分能够提供一种有效的手段，将复杂的微分方程问题转化为简单的积分问题，从而简化求解过程。同时，在分析物理问题过程中，如质点运动、流体动力学等领域的问题，变限积分也发挥着重要作用，能够精确地描述物理量随时间的变化规律。反常积分则是针对那些在无穷区间上或函数在积分区间内存在无界点的特殊积分问题而提出的。这类问题在传统的定积分框架下难以解决，因为定积分要求函数在有限区间上连续且有界。而反常积分的引入，为这类问题的解决提供了可能。通过对反常积分的敛散性（即积分是否收敛）进行判断，可以确定积分值是否存在。而反常积分的计算方法，则是在判断敛散性的基础上，进一步求解积分的具体值。

## 四、空间解析几何与线性代数

### （一）空间解析几何

空间解析几何作为数学的一个重要分支，深入探究了三维空间中点、线、面等基本元素及其相互间的内在联系与性质。这一学科领域不仅涵盖了向量的基本运算，还进一步延伸至空间曲线与曲面的方程表达，以及各种元素之间的位置关系判定。在解析几何的框架下，空间中的每一个点、每一条线、每一个面都被赋予了精确的数学描述，使得学生能够以定量的方式去理解和分析它们。向量的运算在空间解析几何中占据核心地位，是连接几何与代数的桥梁。通过向量的加减、数乘、点乘、叉乘等运算，可以方便地描述空间中点的位置变化、线的方向和长度以及面之间的角度关系。这些运算不仅具有直观的几何意义，还是解决空间问题的有力工具。此外，空间曲线与曲面的方程是空间解析几何的一项重要内容。通过建立合适的坐标系，并运用代数方程，可以精确地刻画出空间中各种复杂的曲线和曲面。这些方程不仅揭示了曲线、曲面的形状特征，还为研究其性质、计算其几何量（如曲率、面积、体积等）奠定了基础。

### （二）线性代数

线性代数专注于探究向量空间、矩阵以及线性方程组等核心概念与性质。在这一领域中，向量和矩阵不仅是基础构件，更是连接各个数学概念和现实应用的关键桥梁。向量作为一种具有大小和方向的量，为线性代数提供了直观的几何解释和物理意义。而矩阵作为向量的集合体或是线性变换的表示，进一步丰富了线性代数的内涵和应用范围。在线性代数中，向量和矩阵的运算规则构成了理论体系的基础。这些运算，如加法、数乘、乘法等，不仅具有严谨的数学定义，还在解决实际问题中展现出强大的实用性。特别是矩阵乘法，作为一种高效的计算工具，被广泛应用于各种复杂系统的建模和分析中。此外，线性方程组的解法也是线性代数的一个重要研究方向。通过高斯消元法、矩阵的逆运算、克莱姆法则等方法，可以求解包含多个未知数的线性方程组，从而解决各种科学和工程领域中的实际问题。

## 五、级数理论

在级数理论的框架内，无穷级数的概念被精确定义，其性质被详尽探讨，从而构建了一个坚实的理论体系。幂级数和泰勒级数作为级数理论中的杰出代表，在函数展开和微分方程求解等领域的应用显得尤为突出。幂级数以简洁的形式和强大的表达能力，为函数的局部行为提供了深刻的洞见。而泰勒级数则通过无限逼近的方式，揭示了函数在某一点附近的完整形态，为复杂函数的解析研究开辟了新途径。傅里叶级数作为一种特殊的无穷级数，在信号处理和物理学等多个领域发挥着举足轻重的作用。傅里叶级数可以将复杂的周期函数分解为一系列简单的正弦波和余弦波的组合。这一过程不仅简化了函数的分析，还为信号的频谱分析和物理现象的波动解释提供了有力的支持。

## 六、常微分方程

一阶微分方程作为常微分方程的起点，其求解方法相对直观且多样，如分离变量法、积分因子法等，为初学者提供了良好的入门途径。而二阶可降阶微分方程则具有一定的复杂性，但通过适当的变换与技巧，仍能够将其转化为一阶问题进而求解，这体现了数学中的化归思想。高阶常系数线性微分方程是常微分方程中的一大类重要问题。这类方程具有明确的结构和性质，其求解方法相对系统化，如特征根法、待定系数法等。通过这些方法，能够有效求解出方程的通解或特解，从而揭示未知函数的变化规律。常微分方程在物理学、化学、生物学等领域的应用广泛而深入。在物理学中，它被用于描述质点的运动、电磁场的分布等；在化学中，它可用于反应速率的计算、化学平衡的建立等；在生物学领域，它有助于揭示生物种群的增长规律、疾病的传播模型等。

## 七、其他重要内容

### （一）多元函数微分学

多元函数微分学的研究涵盖了偏导数、全微分、梯度、方向导数等核心概念，它们共同构成了多元函数微分学的理论基础。偏导数刻画了函数在某一方向上的变化率，全微分则反映了函数在某点附近的整体变化特征，而梯度和方向导数进一步揭示了函数值随自变量变化的敏感程度和方向性。在多元函数微分学的应用中，求解多元函数的极值问题具有显著的实际意义。

通过运用拉格朗日乘数法、黑塞矩阵等工具，可以有效确定函数的最大值和最小值，这在经济学、工程学等领域中尤为重要。此外，多元函数微分学的几何应用提供了直观的理解方式。例如，在空间曲线和空间曲面的研究中，通过计算切线和法平面、切平面和法线，能够更加清晰地描绘出这些几何对象的局部特征。在物理学领域，多元函数微分学在场论初步中扮演着关键角色。场论是研究物理量在空间中的分布和变化规律的学科，而多元函数微分的概念为描述这些物理量的梯度、散度、旋度等提供了数学基础，有助于加深学生对物理现象本质的理解。

## （二）多元函数积分学

多元函数积分学的研究涵盖了曲面积分、体积积分等核心概念，这些概念为描述和分析多维空间中的物理现象和工程问题提供了有力的数学工具。在多元函数积分学中，曲面积分是一个关键概念。它涉及对曲面上的函数进行积分，常用于求解物理场（如电磁场、流体场等）穿过某一曲面的通量。通过曲面积分，可以精确地量化场强在曲面上的分布和流动情况，从而深入理解物理现象的本质。

此外，体积积分也是多元函数积分学中的重要内容，涉及对三维空间中的函数进行积分，常用于计算物体的质量分布、质心位置等物理量。通过体积积分，可以对空间中的物质分布进行精确的量化分析，为工程设计和科学研究提供有力的数据支持。多元函数积分学在物理学、工程学等领域的应用广泛而深入。在物理学中，它被广泛应用于分析电磁场、引力场等物理场的分布和变化规律；在工程学中，它则用于计算流体的流量、固体的应力分布等。这些应用不仅展现了多元函数积分学的实践价值，也推动了其理论的不断发展和完善。

## （三）实变函数与泛函分析

实变函数专注于探究定义在实数域上的函数性质及其动态演变，深入函数的连续性、可微性、积分等细微层面，挖掘函数在实数范围内的行为模式。这一领域的研究不仅要求对数学分析的基本概念有深刻理解，还需对实数的完备性、可数性、测度论等高级概念有所掌握。实变函数的理论成果为现代数学分析提供了坚实的基础，并在物理学、工程学等领域得到了广泛应用。

泛函分析则将焦点从单一的函数转向函数空间，研究函数空间的结构、性质以及空间中的函数所构成的"泛函"。这一学科不仅关注函数本身的特性，更着眼于函数之间的关系、空间的完备性、函数有界性、函数紧性等更加抽象的概念。泛函分析为现代数学、物理中的许多问题提供了有力的工具，如量子力学中的波函数、最优控制理论中的性能指标等，都是泛函分析的研究对象。

# 第二节　各分支学科的特点与难点

## 一、微积分学

### （一）微积分学的特点

#### 1. 基础性与工具性

微积分学的基础性体现在它对于变化率和累积量的深入研究上。通过引入极限概念，微积分得以精确地刻画函数在某一点的局部行为——变化率，进而衍生出导数的概念。导数作为一种重要的数学工具，不仅揭示了函数图象在某一点的切线斜率，还反映了函数值随自变量变化的速率。同样地，积分作为微积分的一大支柱，关注的是函数在一定区间上的整体效果，即累积量。它能够从局部到整体，对函数的性质进行全面而深入的剖析。这种基础性与工具性使得微积分学在高等数学体系中占据举足轻重的地位。无论是后续的线性代数、概率论与数理统计，还是更高级的实变函数、复变函数等课程，都离不开微积分学知识的支撑。

#### 2. 广泛应用性

微积分学的另一个显著特点是其广泛应用性。在科学、工程、经济等众多领域，微积分都发挥着不可替代的作用。在物理学中，微积分被应用于描述物体的运动规律、力场的分布等；在化学中，它可以帮助理解反应速率、浓度变化等过程；在经济学中，微积分则用于分析成本、收益、效用等经济变量的最优化问题。这种跨学科的广泛应用性使得微积分学成为连接数学与实际应用的重要桥梁。通过学习微积分，学生不仅能够提升数学素养，还能够更好地理解和解决现实世界中的复杂问题。

## （二）微积分学的难点

### 1. 极限概念的理解

极限是微积分学的基石，贯穿整个微积分的学习过程。然而，极限概念本身具有一定的抽象性，需要学生具备较强的逻辑思维能力和空间想象力。在理解极限概念时，学生需要克服直观上的障碍，运用严谨的数学语言来刻画函数在无限趋近某一点时的行为。这种从直观到抽象的转变对于初学者来说是一个不小的挑战。此外，极限的计算也是一大难点。尽管有洛必达法则、泰勒公式等计算工具可使用，但学生在实际应用中仍需根据问题的具体情况选择合适的方法，并熟练掌握各种计算技巧。这无疑增加了学习的难度和复杂性。

### 2. 微分与积分的运算

微分与积分是微积分学的两大核心运算。尽管学生在初学阶段可能已经掌握了一些基本的计算方法和技巧，但随着学习的深入，他们会遇到越来越多复杂的问题和场景。例如，在多元函数微积分中，学生需要处理更高维度的空间和更复杂的函数形式；在曲线积分与曲面积分中，他们则需要面对更加抽象和复杂的积分概念和计算方法。这些高阶的微分与积分运算不仅要求学生具备扎实的数学基础，还需要他们具备较强的分析问题和解决问题的能力。因此，微分与积分的运算也是微积分学学习的一大难点。

### 3. 微分方程求解

微分方程是微积分学的重要应用之一，描述了自然界和科学问题中的变化规律。然而，微分方程的求解过程往往复杂烦琐，且需要掌握一系列专门的技巧和方法。学生在面对不同类型的微分方程时，需要根据方程的特点选择合适的方法进行求解，这无疑增加了学习的难度和挑战性。同时，微分方程的解往往具有多种形式和性质，学生只有具备较强的数学素养和综合能力才能对其进行全面而深入的理解和分析。

# 二、线性代数

## （一）线性代数的特点

### 1. 基础性与抽象性

线性代数的基础性主要体现在它对向量空间、线性变换、矩阵等基本概念和性质的研究上。这些概念和性质是解决线性代数问题的基石，为后续课程如微积分、概率论与数理统计、数值分析等做了必要的数学准备。同时，线性代数具有较强的抽象性，要求学生能够从具体的数学问题中提炼出一般性的规律和性质，进而运用这些规律和性质去解决更多的问题。这种抽象思维能力的培养对于提高学生的数学素养和创新能力具有重要意义。在线性代数的学习过程中，学生需要逐渐适应这种抽象性的要求，通过不断练习和思考来加深对概念和性质的理解。只有这样，学生才能够真正掌握线性代数的精髓，并将其应用于实际问题的解决中。

### 2. 广泛应用性

线性代数的另一个显著特点是其广泛的应用性。在物理学中，线性代数被广泛应用于量子力学、电磁学等领域，用于描述物理现象和解决物理问题；在工程学中，线性代数是处理线性系统、优化问题、处理信号问题等的重要工具；在计算机科学中，线性代数与机器学习、计算机图形学、密码学等紧密相关。这些应用不仅体现了线性代数的实用价值，也进一步促进了线性代数与其他学科的交叉融合。

## （二）线性代数的难点

### 1. 矩阵与行列式的运算

矩阵和行列式是线性代数中的基本工具，它们的运算规则和性质是解决问题的基础。然而，学生在初学时往往对矩阵和行列式的定义、运算规则以及性质不够熟悉，在解题时容易出现错误。为了克服这一难点，学生需要加强对矩阵和行列式基本概念的学习，通过大量练习来熟练掌握各种运算规则和性质。同时，教师也应注重对学生运算能力的培养，通过设计有针对性的练习题和进行及时的辅导来帮助学生提高运算的准确率和效率。

### 2. 向量空间的理解

向量空间是线性代数的核心概念之一，涉及向量的线性组合、线性相关性和线性无关性等内容。这些概念对于理解矩阵的秩、求解线性方程组等具有重要意义。然而，向量空间的抽象性使得学生在理解时面临一定的困难。为了帮助学生更好地掌握向量空间的概念和性质，教师需要采用直观的教学方法来展示向量空间的几何意义，同时引导学生通过具体的例子来加深对抽象概念的理解。此外，教师还可以通过布置相关的思考题和讨论题来激发学生的思维活力，促使他们对向量空间概念进行深入探究。

### 3. 特征值和特征向量的求解

特征值和特征向量是矩阵理论中的重要概念，在解决矩阵的特征问题以及应用方面具有重要作用。然而，学生在求解特征值和特征向量时常常感到困惑甚至无从下手。这主要是因为特征值和特征向量的求解方法涉及矩阵的运算、多项式的根以及线性方程组的解等多个知识点，需要学生具备综合数学能力。为了帮助学生克服这一难点，教师需要详细讲解特征值和特征向量的定义、性质以及求解方法，并通过具体的例子来展示求解过程。同时，教师还应注重对学生综合能力的培养，通过布置综合性的练习题和进行有针对性的指导来帮助学生提高求解特征值和特征向量的能力。

## 三、概率论与数理统计

### （一）概率统计的特点

#### 1. 理论性与应用性

概率统计学具有深厚的理论基础，涵盖了概率论的基本概念、随机变量及概率分布、随机过程与随机分析等诸多内容。这些理论知识构成了概率统计学的核心框架，为后续的应用研究提供了坚实的数学基础。同时，概率统计并非孤立存在的纯理论学科，而是与实际问题紧密相连，具有广泛的应用性。例如，在估计理论中，利用概率统计方法可以对未知参数进行准确估计；在假设检验中，可以通过统计推断对研究假设进行验证；而在回归分析中，则可以探究变量间的相关关系并进行预测。这些应用方法使得概率统计成为解决实际问题的有力工具。

### 2. 数据处理与分析

在大数据时代，数据处理与分析能力显得尤为重要。概率统计在这一领域发挥着举足轻重的作用。学生可运概率论的知识，对数据进行收集、整理、描述、分析和推断，从而揭示数据背后的规律和趋势。概率统计在各个领域都有广泛的应用，如经济学中的市场预测、医学中的临床试验分析、社会学中的民意调查等。概率统计的数据处理与分析，使人们更加科学、客观地认识世界，为决策和行动提供有力支持。

## （二）概率统计的难点

### 1. 抽象概念的理解

概率统计中的许多概念具有一定的抽象性和复杂度，如随机事件、随机变量、概率分布等。这些概念的理解需要学生具备较强的逻辑思维能力和数学素养。同时，这些概念之间又存在紧密的联系和区别，学生在学习过程中容易混淆和遗漏重要步骤。为了克服这一难点，教师需要采用直观的教学方法帮助学生理解抽象概念，并辅以大量实例和练习来加深学生的印象和理解。

### 2. 参数估计和假设检验

参数估计和假设检验是概率统计中的重要内容，也是实际应用中经常涉及的问题。然而，这些内容的学习和应用对学生来说往往具有一定的难度。在参数估计中，学生需要掌握矩估计、区间估计、最大似然估计等方法的基本原理和步骤；在假设检验中，学生则需要理解原假设与备择假设的设定、检验统计量的选择以及拒绝域的确定等关键环节。学生需要具备较强的分析和计算能力，同时还具备一定的实践经验才能更好地掌握和应用这些内容。

因此，教师在教学过程中应注重理论与实践的结合，通过案例分析等方式帮助学生更好地理解和掌握这些内容。

### 3. 多元统计分析

多元统计分析是概率统计学中的高级内容，涉及多个随机变量的关系和分布。随着数据维度的增加，问题的复杂性急剧上升，这给学生的学习带来了更大的挑战。在多元统计分析中，学生不仅需要掌握基本的统计方法如多元回归、主成分分析等，还需要学会如何选择合适的模型、处理高维数据以及解释分析结果等。培养这些技能的前提是学生具备扎实的数学基础、良好的数据处理能力以及丰富的实践经验。因此，教师在教学过程中应注重培养学生的综合素质和能力，通过实践教学和科研训练等方式提升学生的多元统计分析能力。

## 四、实变函数与泛函分析

### （一）实变函数与泛函分析的特点

#### 1. 深入性与抽象性

实变函数研究实数域上函数的性质，特别是那些传统微积分无法有效处理的函数。通过引入测度论等现代分析工具，实变函数得以深入探究函数的细微结构和变化规律。这种深入性使得实变函数成为现代分析数学的基础，为后续课程如复变函数、调和分析等提供了必要的理论支撑。而泛函分析则进一步，将研究对象从具体的函数扩展到函数空间及其上的线性变换。这种抽象性使得泛函分析能够揭示不同函数空间之间的共性和规律，为解决实际问题提供了更广阔的视角和方法。在理论深度上，实变函数与泛函分析不仅涉及众多复杂的数学概念和技巧，还需要学生具备较强的抽象思维能力和逻辑推理能力。这使得这两门课程成为若查学生数学素养和创新能力的重要维度。

#### 2. 理论体系庞大

实变函数与泛函分析的理论体系均相当庞大，涵盖了众多重要的数学概念和定理。在实变函数学习中，学生需要掌握勒贝格积分、测度论等核心概念，并理解它们与传统微积分之间的联系和区别。而在泛函分析学习中，学生则需要熟悉赋范线性空间、内积空间、希尔伯特空间等抽象概念，以及它们在线性代数和微分方程等领域的应用。这些内容的掌握需要学生投入大量时间和精力，进行系统的学习和深入的思考。尽管这两门课程的理论体系庞大且复杂，但它们在科学研究和技术创新中的应用价值却是无法估量的。通过学习和掌握实变函数与泛函分析的知识和方法，学生能够更好地理解和解决现实世界中的复杂问题，为推动数学学科和其他领域的发展做出了贡献。

## （二）实变函数与泛函分析的难点

### 1. 抽象概念的理解

实变函数与泛函分析中的许多概念都具有高度的抽象性，如测度、可测函数、积分收敛性、赋范线性空间、有界线性算子等。这些概念不仅定义复杂，而且涉及诸多前置知识和逻辑推理。学生在初次接触时往往难以把握其本质和内涵，导致在后续学习中出现理解障碍。为了克服这一难点，教师需要采用直观与抽象相结合的教学方法，帮助学生建立直观感受并逐步过渡到抽象思维。

### 2. 运算的复杂性

实变函数与泛函分析的运算过程往往较为复杂，涉及大量数学符号和推导步骤。例如，在勒贝格积分的计算中，学生需要熟练掌握积分的性质、收敛定理以及控制收敛定理等，才能正确地进行积分运算；在泛函分析中，学生则需要学会处理抽象空间中的线性变换和范数计算等问题。这些复杂的运算过程对学生的数学基础和计算能力提出了较高的要求。为了提高学生的运算能力，教师需要加强基本技能的训练，并通过大量练习和习题课来帮助学生熟悉和掌握运算技巧。

### 3. 理论体系的联系

实变函数与泛函分析作为两个相对独立的数学分支，其理论体系之间存在着紧密的联系。学生在学习过程中需要将这两个领域的知识和方法相互渗透、相互应用，从而形成完整的知识体系。然而，这种跨领域的联系和应用往往具有一定的难度，需要学生具备较强的综合能力和创新思维。为了帮助学生建立完整的知识体系，教师需要注重课程内容的整合与拓展，引导学生发现并探索不同领域之间的内在联系和规律。

## 五、复变函数

### （一）复变函数的特点

#### 1. 独特性

复变函数之所以独特，是因为它突破了实数域的限制，将函数的研究扩展到了复数域。在这个更为广阔的数学空间里，复变函数展现出许多实数域函数所不具备的奇妙性质。例如，解析函数在复数域内具有无穷可微性，这一性质使得复变函数在解决某些问题时具有得天独厚的优势。此外，复变函数还引入了共轭性、留数定理等新概念，进一步丰富了数学的理论体系。

#### 2. 重要性

复变函数不仅是现代数学的重要组成部分，更是物理学、工程学等领域不可或缺的研究工具。在物理学中，许多重要的物理现象和规律都可以通过复变函数进行描述和解释。例如，量子力学中的波函数、电磁学中的矢量场等都涉及复变函数的应用。在工程学领域，复变函数同样发挥着举足轻重的作用。信号处理、控制系统设计等关键问题都离不开复变函数的支持。因此，掌握复变函数的相关知识和技能对于科研人员和工程师来说具有至关重要的意义。

### （二）复变函数的难点

#### 1. 复数域的理解

对于初学者来说，复数域是一个相对陌生且抽象的概念。与熟悉的实数域相比，复数域引入了虚数单位 i，使得数的表示和运算变得更加复杂。在复数域上研究函数的性质，如解析性、共轭性等，学生需要具备较强的抽象思维能力和逻辑推理能力。此外，复数域上的运算规则和几何意义与实数域有所不同，这进一步增加了学习的难度。为了克服这一难点，学生需要花费更多的时间和精力去熟悉和掌握复数域的基本概念和运算规则，并通过大量练习来加深理解。

### 2. 积分变换的应用

复变函数中的积分变换是一类非常重要的数学工具，在信号与系统分析、电磁场理论等领域有着广泛的应用。然而，掌握这些积分变换的原理和方法并将其应用于实际问题中却并非易事。例如，傅里叶变换和拉普拉斯变换是复变函数中两种常见的积分变换。它们可以将时域信号转换为频域信号，从而方便对信号进行分析和处理。但是，这两种变换的公式和性质都相对复杂，需要学生具备扎实的数学基础和较强的分析能力。此外，在实际应用中，学生还需要根据具体问题的特点选择合适的积分变换方法，并灵活运用相关知识来解决问题。这对学生的综合素质和能力提出了更高的要求。

## 六、空间解析几何

### （一）空间解析几何的特点

#### 1. 结合性

传统的几何学侧重于图形的直观描述和性质探讨，而代数则提供了严谨的计算和推理工具。空间解析几何巧妙地将这两者结合，通过代数方程来精确描述和求解几何问题。例如，线性方程可以表示平面或直线，二次方程则可以描述圆锥曲线等复杂图形。这种结合性不仅增强了数学的严谨性，还为解决实际问题提供了更为有效的手段。

#### 2. 直观性

通过引入坐标系和向量等概念，抽象的几何问题得以具体化、可视化。学生可以通过绘制图形、观察坐标变化等方式，直观地理解几何图形的性质及其变化规律。这种直观性不仅有助于激发学生的学习兴趣，还能帮助他们更好地掌握和应用数学知识。在实际教学中，教师可以通过三维模型、动态演示等手段进一步增强学生的直观感受，提高教学效果。综上所述，空间解析几何的结合性与直观性特点使其在数学教育和科学研究中具有不可替代的价值。通过充分利用这两个特点，学生可以更深入地理解几何图形的性质，更有效地解决实际问题。

## （二）空间解析几何的难点

### 1. 抽象概念的理解

诸如向量、平面、曲面等核心概念，虽然在理论上具有明确的定义和性质，但学生在初次接触时往往难以把握其本质。这些概念具有抽象性，学生需要具备较强的逻辑思维能力和数学素养，才能逐步深入理解并灵活运用。因此，教师在教学过程中需要采用恰当的教学方法，帮助学生从直观到抽象，逐步深入理解这些概念。

### 2. 空间想象能力

空间解析几何涉及三维空间中的图形与变换，要求学生能够在脑海中构建并操作这些图形。然而，对于许多学生来说，从二维平面思维过渡到三维空间在思维上是一个巨大的挑战。为了克服这一难点，学生需要通过大量实践和训练来提升自己的空间想象能力；教师则可以通过使用三维模型、动画演示等辅助工具，来帮助学生更好地理解和把握三维空间中的几何关系。

### 3. 证明过程的严密性

由于空间解析几何涉及许多复杂的几何关系和性质，因此其证明过程往往具有极高的逻辑严密性。学生在进行证明时，需要严格按照数学逻辑进行推理，确保每一步的推导都有明确的依据。这不仅要求学生具备扎实的数学基础，还需要他们养成严谨的思维习惯。为了帮助学生克服这一难点，教师需要注重培养学生的逻辑思维能力，引导他们逐步掌握严密的证明方法。

# 第三节　数学思维与能力的培养目标

## 一、逻辑思维的培养

### （一）推理能力的训练

数学，作为一门以逻辑推理为基础的学科，为学生提供了一个训练推理能力的平台。特别是在数学证明题中，学生从给定的已知条件出发，通过缜密的逻辑链条，逐步推导出最终结论。在这一过程中，每一步推理都必须建立在坚实的逻辑基础上，不容有任何疏漏或跳跃。这样的训练方式，不仅锤炼了学生的思维能力，更教会了他们以严谨的态度和正确方法去探究问题、解决问题。数学推理能力训练的实质是一种对思维严谨性的锻炼。在日常生活中或许可以容忍一定程度的模糊和不确定性，但在数学的世界里，每一个结论都必须经过严格的证明才会被接受。这种对精确性和严谨性的追求，无疑会对学生产生深远的影响。他们不仅会在数学学习中受益，更会将这种严谨的思维模式应用到生活的各个方面，从而做出更为明智和合理的决策。此外，数学推理能力训练还可以培养问题解决能力。通过不断的练习和实践，学生逐渐学会如何在复杂的问题中抽丝剥茧，找到解决问题的关键所在。

### （二）形式化语言的掌握

学生在学习数学的过程中，不仅可掌握形式化语言，更在无形中提升了逻辑思维能力。在形式化语言的学习中，每一个数学符号、每一个公式，都有其特定的含义和用法。学生在使用时，必须严格遵守这些规则，否则就会导致理解上的偏差或错误。人们对规则的严格遵守，无疑会强化学生的逻辑思维和严谨性。在日常生活中，人们经常会遇到因为语言表述不清而导致的误解和歧义。而在数学学习中，通过精确的符号和公式，学生可以准确地表达自己的意图和想法，从而避免不必要的误解和冲突。在许多领域，如物理学、工程学、经济学等，数学都是不可或缺的工具。通过数学的学习，学生可以更轻松地理解和应用这些领域中的复杂理论和模型。

## 二、抽象思维的培养

### （一）从具体到抽象的过渡

在数学学习中，学生从处理具体实例到把握抽象概念的转变，不仅锻炼了思维能力，而且打开了探索数学世界更深层次规律的大门。例如，在几何图形的学习中，学生最初接触到的是具体的图形实例，如三角形、四边形等。通过观察这些图形的形状、大小和位置关系，学生逐渐抽象出图形的基本属性和相互关系，形成了对几何图形的整体认识。这种从具体到抽象的过渡，对学生的思维发展具有深远影响。首先，它培养了学生的概括能力，使学生能够从繁杂的表象中提炼出本质特征。其次，抽象思维的形成有助于学生建立更加完善的数学知识体系，为他们后续学习更高级的数学概念打下坚实的基础。最后，这一过渡过程还激发了学生的探索欲望和创新精神，促使他们不断追求更深层次的数学真理。

### （二）符号思维的发展

在数学学习过程中，学生逐渐形成了符号思维能力，这种能力成为他们解决复杂数学问题的关键。符号思维不仅要求学生能够准确理解和运用各种数学符号，还要求他们能够在符号系统内进行逻辑推理和创造性构思。一方面，符号思维提高了学生解决数学问题的效率。通过使用符号，学生可以更加简洁、准确地表达数学关系和解题步骤，从而加快解题速度并减少错误。另一方面，符号思维的培养有助于提升学生的数学素养和创新能力。学生通过对符号系统的深入探索和运用，能够发现新的数学规律、提出新的数学问题，并尝试给出相应的解答。

### （三）模式识别与概括

学生需要从一系列具体事例中敏锐地捕捉到共同的特征或规律，进而用抽象的方式加以表达和概括。这种能力不仅有助于学生深入理解数学的结构和原理，还是他们解决数学问题、进行数学创造的基础。模式识别与概括对学生的数学学习具有多方面的促进作用，有助于学生形成系统化的数学知识网络。通过识别和概括不同数学概念、定理之间的内在联系，学生能够更好地把握数学的整体框架和知识体系。面对复杂多变的数学问题，学生能够迅速识别出问题的本质特征和关键信息，从而选择合适的解题策略和方法。在识别和概括数学模式的过程中，学生可能会发现新的数学问题或提出新的数学猜想，进而推动数学领域的发展和进步。

## 三、问题解决能力的培养

### （一）问题分析与分解

在问题分析过程中，学生需要细致地审视每一个条件，理解其数学含义，并探索这些条件之间可能存在的内在联系。通过这种分析，学生不仅能够更准确地把握问题的本质，还能够避免在解题过程中因为对题意的误解而产生的错误。问题分解则是将复杂的数学问题拆分成若干个更小、更易于处理的子问题的过程。这种分解有助于降低解题的难度，使学生能够逐步、有序地推进解题进程。通过分解，学生可以将注意力集中在每一个子问题上，分别寻找解决方案，并将这些方案整合起来，最终形成对原问题的完整解答。问题分析与分解的能力不仅在数学学习中占据重要地位，更是学生在未来的职业生涯中解决问题、做出决策的基础。

### （二）策略选择与运用

面对各种问题，学生需要学会根据问题的类型和特点，选择最合适的解题策略。这种选择并非盲目或随意的，而是在对问题深入理解和对数学知识熟练掌握的基础上做出的。一个恰当的策略能够帮助学生迅速找到问题的突破口，从而有条不紊地推进解题过程。反之，一个不合适的策略可能会使学生陷入困境，甚至导致解题失败。在运用策略的过程中，学生还需要灵活地运用所学的数学知识。他们需要将策略与具体的知识点相结合，通过逻辑推理、计算验证等步骤，逐步逼近问题的答案。这不仅要求学生具备扎实的知识基础，还要求他们具备灵活的思维方式和良好的应用能力。通过不断进行策略选择与实践运用，学生可以逐渐积累丰富的解题经验，形成自己独特的解题风格和方法论。

## 四、创新思维的培养

### （一）探索与发现

数学学习不仅是对已有知识的接受和理解，更重要的是通过探索与发现来创造新的知识。在这一过程中，学生如同探险家，深入数学的未知领域，通过观察、实验和推理，揭示出隐藏在数学现象背后的新规律、新性质或新关系。这种探索与发现的学习模式，不仅有助于深化学生对数学知识的理解，更能激发他们的创新思维和求知欲。在探索与发现的过程中，学生需要运用各种思维方法和技巧。他们需要学会从不同的角度审视数学问题，发现问题的内在联系和潜在规律。同时，他们还需要通过实验和验证来检验自己的发现，确保其准确性和可靠性。这一过程不仅锻炼了学生的思维能力，还培养了他们的科学精神和创新意识。此外，探索与发现还是一种积极的学习态度。它鼓励学生主动学习，而不是被动接受知识的灌输。在这种学习模式下，学生不再满足于表面的知识掌握，而是追求更深层次的理解和发现。

### （二）猜想与验证

在猜想阶段，学生需要充分发挥自己的想象力和创造力，提出有根据的假设。这就要求他们具备敏锐的观察力和丰富的知识储备，能够从复杂多变的数学现象中捕捉到潜在的规律或性质。同时，他们还需要学会用精确的数学语言来表述自己的猜想，以便进行后续的验证工作。在验证阶段，学生需要运用各种数学方法和技巧来检验猜想的正确性。这可能包括逻辑推理、数学证明、实验验证等多种方式。通过这一过程，学生不仅可以验证自己的猜想是否成立，还能在验证过程中发现新的问题和思路，从而推动数学学习的深入发展。猜想与验证的过程充分体现了数学学习的科学性和探究性，要求学生在提出猜想的同时，也要关注验证的过程和结果。

### （三）构造与发明

通过构造新的数学对象或发明新的解题方法，学生不仅能够深化对数学知识的理解，还能拓展数学的应用领域和解决实际问题的能力。在构造方面，学生需要学会根据问题的需要，创造性地构建新的数学对象或结构。例如，在几何学习中，学生通过构造辅助线或图形来简化复杂的几何问题；在代数学习中，学生通过构造新的函数或方程来揭示数学规律。这种构造过程要求学生具备丰富的想象力和灵活的思维能力，能够创造性地运用所学知识来解决问题。在发明方面，学生需要学会创新性地提出新的解题方法或策略。这就要求他们具备深厚的数学功底和敏锐的洞察力，能够发现现有方法的局限性并提出改进方案。通过新的解题方法，学生不仅能够提高解题效率，还能培养创新思维和独立解决问题的能力。构造与发明鼓励学生充分发挥自己的想象力和创造力，拓展数学的应用领域和解决实际问题。

## 五、数学思维与能力的综合培养

### （一）跨学科整合

对于数学思维与能力的培养而言，跨学科整合尤为关键。数学知识并非孤立存在的，而是与其他学科知识紧密相连的，共同构建起一个庞大的知识体系。学生若能学会将数学知识与其他学科的知识相结合，不仅能更全面地理解和应用数学知识，还能提升解决复杂问题的能力。在跨学科整合的过程中，学生需要认识到数学作为一种通用语言在各个学科中的广泛应用。例如，在物理学中，数学提供了描述物理现象和规律的精确工具；在计算机科学中，数学算法是程序设计和优化的基础。通过将这些学科中的数学应用实例引入数学课堂，教师可以帮助学生建立跨学科的联系，从而深化其对数学概念和原理的理解。此外，跨学科整合还有助于培养学生的综合素养。在解决跨学科问题时，学生需要综合运用多种知识和技能，这不仅能锻炼他们的思维能力，还能提升他们的创新意识和实践能力。

## （二）实践应用与反思

通过将数学知识应用于实际问题中，学生可以亲身体验数学的实用性和魅力，从而加深对知识的理解和掌握。在这一过程中，学生不仅能够锻炼自己的问题解决能力，还能培养对数学学习的积极情感和态度。在实践应用中，学生需要学会将抽象的数学知识具体化，运用数学方法和技巧解决实际问题。这种转化过程不仅能帮助学生巩固所学的数学知识，还能提升他们的思维灵活性和创新能力。同时，实践应用还能使学生更加明确数学学习的目标和意义，增强其学习动力。与实践应用紧密相连的是反思环节。学生在实践中需要不断反思和总结自己的思维过程和方法，以便及时发现问题并进行改进。通过反思，学生可以更加清晰地认识到自己在数学学习中的不足，以便在后续的学习中加以弥补。

## （三）情感与态度的培养

积极的情感和态度是学生学习数学的强大动力，能够促使他们主动投入学习，勇于面对挑战。因此，教师在数学教学过程中应关注学生的情感需求，努力营造轻松愉悦的学习氛围，以激发学生的学习兴趣和热情。为了培养学生的积极情感，教师可以采用多样化的教学方法和手段，如创设情境、引入趣味性问题、组织合作学习等，以吸引学生的注意力并激发其探索欲望。同时，教师还应给予学生充分的鼓励和肯定，以增强他们的学习自信心和成就感。在态度方面，教师需要引导学生树立正确的数学学习观念，明确数学学习的目标和价值。通过展示数学在各个领域的应用和前景，教师可以帮助学生认识到数学学习的重要性和必要性，从而培养他们对数学的敬畏之心和热爱之情。此外，教师还应着重培养学生坚韧不拔的毅力和勇于挑战的精神。在数学学习过程中，困难和挑战是不可避免的，学生如果具备这些品质，就能更好地应对并克服它们。教师可以通过设置适当难度的数学问题、组织数学竞赛等方式来锻炼和培养学生的意志力及挑战精神，使他们在面对困难时能够保持冷静、积极应对。

# 第二章　高等数学教学内容与课程设计的创新

## 第一节　高等数学核心知识点的重新梳理

### 一、极限与连续

极限作为高等数学中的核心概念，深刻地揭示了函数在某一特定点或趋向无穷时的行为模式。通过这一概念，学生能够细致地描绘函数值随自变量变化的趋势，进而深入探索函数的内在性质。极限的引入提供了一个精确的数学工具，使得对函数复杂行为的解析成为可能。在极限的定义中，"$\varepsilon-\delta$"语言发挥了至关重要的作用。这种数学表述方式以严谨性和精确性而著称，通过设置任意小的正数 $\varepsilon$ 和相应的 $\delta$，来确保函数值在自变量接近某一特定值时，能够无限趋近于一个确定的极限值。这种定义方式不仅从数学上严格界定了极限的存在性，还为后续的函数性质分析和定理证明提供了坚实的基础。

与此同时，连续性作为函数性质的一个重要方面，与极限概念紧密相连。函数的连续性实际上是在局部范围内对函数值变化平稳性的一种刻画。一个函数在某一点处连续，则意味着在该点附近，函数值的变动是微小的，不会出现突然的跳跃或断裂。这种连续性不仅保证了函数图象的平滑性，还能够在该点附近对函数进行有效的近似和估算。连续性的定义同样依赖于极限的概念。具体来说，一个函数在某一点连续，可以理解为当自变量趋近于该点时，函数值的极限恰好等于该点的函数值。这种定义方式不仅揭示了连续性与极限之间的内在联系，还提供了一种通过极限来判断函数连续性的有效方法。

## 二、导数与微分

导数作为高等数学中的核心概念之一，量化了函数在某一点或某一区间内的变化趋势，提供了一种精确的数学工具来探究函数的动态行为。在几何直观上，导数可以被理解为曲线在某一点的切线的斜率，这一解释不仅直观地展示了导数的几何意义，还提供了一种通过图形来理解和分析导数的方法。导数的概念在函数性质的研究中发挥着至关重要的作用。通过求导，可以判断函数的单调性，找出函数的极值点，进而确定函数在特定区间内的最大值和最小值。这些性质不仅在纯数学领域具有重要意义，还在物理学、经济学等实际应用领域发挥着关键作用。例如，在物理学中，导数被广泛应用于描述物体的运动状态，如速度、加速度等；在经济学中，导数则用于分析成本、收益等经济指标的变化趋势。

微分可以被视为导数的另一种表现形式，着重于描述函数值的微小变化与自变量微小变化之间的关系。通过微分，可以精确地刻画函数在某一点附近的局部行为，进一步加深对函数性质的理解。微分学的基本定理，如著名的牛顿-莱布尼茨公式，揭示了微分与积分之间的内在联系，搭建起高等数学中这两大重要概念之间的桥梁。这一公式不仅具有深刻的理论意义，还为实际计算提供了极大的便利，有助于更加高效地解决各种复杂的数学问题。

## 三、积分学

积分学是高等数学中的一门重要分支，涵盖不定积分与定积分两个核心部分，二者各具有独特的意义和应用价值。不定积分，作为求导数的逆过程，其实质在于通过已知导数反推原函数，这一过程不仅深化了对函数与其导数关系的理解，更在实际应用中提供了恢复原函数的有效手段。通过不定积分，能够探索函数族的共性，进而在更广泛的函数空间内寻找满足特定条件的原函数。而定积分则以其独特的视角和方法提供了一种全新的计算曲线与坐标轴所围成面积的途径。其思想源于对无穷小量的累加。通过这种方式，定积分能够将复杂的几何问题转化为可计算的数值问题，从而极大地拓展了数学在实际问题中的应用范围。更为重要的是，定积分不仅可用于面积的计算，更是一种通用的数学工具，能够广泛应用于各类总量问题的求解，如物理学中的质量、质心计算，工程学中的流体流量、电路电量分析等。

积分学的应用广泛性不仅体现在其能够解决多样化的实际问题，还在于其与其他数学分支的深度融合。例如，在微分方程、级数理论等领域，积分学都发挥着不可或缺的作用，为这些领域的发展提供了有力的数学支持。同时，积分学也是科学研究和技术创新的重要基础，其理论和方法在物理学、化学、生物学、经济学等多个学科中都有广泛应用，为推动这些学科的进步和发展做出了重要贡献。

## 四、级数理论

级数，作为高等数学中的一个核心概念，是由一系列数按照特定规则有序排列而成的无穷序列。这一概念不仅深化了对数列的理解，更将数列的研究范围从有限推向了无限，从而极大地拓展了数学的研究领域。级数理论作为研究级数性质的重要分支，主要聚焦于级数的收敛性与发散性，以及收敛级数和的特性。在级数理论中，收敛性与发散性是判断级数行为方式的关键指标。收敛级数意味着其部分和序列随着项数的增加而趋近于一个确定的极限值，这反映了级数内在的稳定性和有序性。而发散级数则表明其部分和序列无法趋于稳定，呈现出一种无序或不可控的状态。对级数收敛性与发散性的研究，不仅有助于更深入地理解级数的本质属性，还为级数的应用提供了坚实的理论基础。

同时，级数理论还深入探讨了收敛级数和的性质。这些性质涉及级数和的运算、估计以及与其他数学对象的关系等方面,是级数理论中的重要组成部分。通过对这些性质的研究,可以更灵活地运用级数这一工具,解决数学及其他学科中的实际问题。此外,幂级数和傅里叶级数等特殊类型的级数在级数理论中占据举足轻重的地位。幂级数以其简单的形式和良好的性质在函数逼近、微分方程求解等领域发挥着重要作用;而傅里叶级数则通过将周期函数分解为一系列简单函数的叠加,为信号处理、图像处理等领域提供了有力的数学支持。

## 五、常微分方程

常微分方程专门探讨自变量、未知函数及其导数之间的内在关系。这类方程不仅是数学理论研究的热点,更是解决实际应用问题的有力工具。其核心在于,通过对方程的求解,能够揭示未知函数的具体形态,从而洞察其背后的物理现象或工程问题。在求解常微分方程的过程中,数学家们发明了多种方法,每种方法都有其独特的适用场景和优势。分离变量法,作为一种直观且有效的求解手段,能够将复杂的微分方程简化为可积分的形式,从而大大简化了求解过程。而齐次方程解法则是针对具有特定结构的微分方程,通过巧妙的变换将其转化为易于处理的形式。此外,一阶线性方程解法凭借其简洁性和通用性,在实际应用中占据重要地位。

在物理学领域,常微分方程是描述物体运动规律、揭示自然现象内在机制的重要工具。无论是经典力学中的质点运动,还是电磁学中的场强分布,都可以通过常微分方程来精确刻画。而在工程学中,常微分方程的应用更是无处不在。控制系统的稳定性分析、信号处理的滤波设计以及流体力学的流动模拟等,都离不开常微分方程的支持。此外,在生物学、经济学等看似与数学不相关的领域,常微分方程也发挥着不可或缺的作用,为这些学科的发展提供了坚实的数学基础。

## 六、空间解析几何与向量代数

空间解析几何是深入探讨三维空间中点、线、面及其他几何元素相互关系的数学分支。这一领域的研究不仅丰富了人们对三维空间结构的认知，更为解决实际问题提供了有力的数学工具。通过引入坐标系，能够将几何元素的位置和方向量化，进而实现几何问题的代数化。这种转化不仅降低了问题的复杂程度，还有利于运用代数的严谨性和计算性来求解几何问题。向量代数作为空间解析几何的重要组成部分，为处理向量运算和向量空间提供了系统而高效的方法。向量，作为具有大小和方向的量，是描述空间中点、线、面等元素位置关系的关键。通过向量的加法、数乘以及点乘、叉乘等运算，能够精确地刻画这些元素之间的相对位置和相互作用。此外，向量代数还提供了研究向量空间结构和性质的有力工具，如向量的线性相关性、向量空间的基与维数等。空间解析几何与向量代数不仅是线性代数、微分几何等后续课程的重要基础，还为这些课程提供了丰富的实例和应用场景。在实际应用中，空间解析几何与向量代数的知识更是无处不在。以计算机图形学为例，三维建模、渲染等关键技术都离不开对空间几何元素的精确描述和计算。通过运用空间解析几何与向量代数的理论和方法，能够实现复杂的三维场景重建、物体表面纹理映射等高级功能，为虚拟现实、游戏开发等领域提供强大的技术支持。

## 第二节　跨学科整合与数学应用的新视角

### 一、建模与仿真

#### （一）复杂系统的数学描述

无论是自然界的生态系统、气候系统，还是社会经济系统中的金融市场、交通网络，这些复杂系统都包含着大量变量和复杂的相互作用。高等数学，特别是微分方程和偏微分方程，为描述这些系统的动态行为提供了精确的数学框架。微分方程能够描述系统状态随时间的变化。例如，在生态学中，洛特卡-沃尔泰拉方程描述了捕食者和猎物之间的动态关系；在流行病学中，

SIR 模型（易感者–感染者–恢复者模型）通过微分方程描述了疾病在人群中的传播过程。这些微分方程模型不仅揭示了系统内部的动态行为，还允许研究者预测未来状态的变化趋势。偏微分方程则用于描述在空间和时间上同时变化的现象。例如，在流体力学中，纳维–斯托克斯方程描述了流体的运动规律；在热传导问题中，热方程描述了温度随时间和空间的变化。这些偏微分方程模型为理解和控制自然现象提供了重要的数学工具。动力系统理论则进一步扩展了这些模型的应用范围。它研究的是系统状态空间中的轨迹和吸引子，能够揭示系统的长期行为和稳定性。例如，通过分析动力系统的吸引子，研究者可以确定系统是否趋向于稳定状态、周期振动或混沌行为。

## （二）仿真技术的应用

尽管数学模型提供了描述复杂系统的精确语言，但许多现象在实验室环境中难以复现或复现成本高昂。仿真技术的出现为研究者提供了一种有效的替代方法。基于数学模型的仿真技术，如蒙特卡洛仿真和有限元分析，使得在虚拟环境中模拟这些现象成为可能。蒙特卡洛仿真是一种随机抽样方法，用于评估数学模型的统计特性。它在金融风险评估、物理粒子模拟等领域有着广泛应用。通过生成大量随机样本，蒙特卡洛仿真能够估计模型的概率分布和统计特征，从而提供对复杂系统行为的深入理解。有限元分析则是一种数值方法，用于求解偏微分方程描述的物理问题。它将复杂的连续体划分为有限个单元，通过求解每个单元的近似解来逼近整体解。有限元分析在工程设计、结构分析、流体动力学等领域有着广泛的应用。它使得研究者能够在计算机上模拟和预测物理现象，从而优化设计和改进性能。这些仿真技术不仅跨越了实验室的限制，还大大加快了科学研究的进程。通过模拟不同条件下的系统行为，研究者能够获得更多的数据和信息，为决策提供科学依据。例如，在气候预测中，仿真技术能够模拟大气和海洋的相互作用，预测未来的气候变化趋势；在交通规划中，仿真技术能够模拟交通流和道路网络的行为，优化交通信号和道路的设计。

### （三）跨学科协同

建模与仿真不仅促进了数学内部的发展，还推动了数学与其他学科的深度融合。在多学科团队的协作下，针对特定问题构建的模型更加精细、准确，有效拓宽了知识的边界。物理学的原理和定律为数学模型提供了基础。计算机科学的算法和数据结构则为仿真技术的实现提供了可能。例如，在计算流体力学时，物理学家提供了流体运动的数学描述，而计算机科学家则开发了高效的数值算法和并行计算技术来求解这些问题。社会学关注人类行为和社会结构的研究，而经济学则关注资源分配和市场行为的研究。通过建模与仿真，研究者能够模拟人类行为和社会经济系统的动态过程，揭示其中的规律和机制。例如，在交通规划中，结合社会学和经济学的模型可以模拟人们的出行选择和交通需求，为制定交通政策提供科学依据。这种跨学科协同不仅推动了数学、物理学、计算机科学、社会学和经济学等学科的发展，还催生了新的交叉学科领域。例如，计算生物学结合了数学、物理学和生物学的知识，用于模拟生物体内的动态过程和相互作用；金融科技则结合了数学、计算机科学和金融学的知识，用于开发新的金融产品和服务。

## 二、数据科学与机器学习

### （一）统计学与概率论

在数据科学中，随机过程理论不仅帮助理解数据背后的随机性规律，还为时间序列分析、随机模拟等提供了理论基础。例如，在金融风险评估中，随机过程模型能够模拟资产价格的波动，为投资组合优化和风险管理提供科学依据。回归分析作为统计学中的经典方法，通过建立因变量与自变量之间的数学关系，揭示了数据中的潜在模式和数据间的关联。随着大数据时代的到来，回归分析已经扩展到高维数据、非线性关系等复杂场景，为预测分析、因果推断等提供了有力的工具。假设检验理论在数据科学中扮演着验证假设、评估模型有效性的关键角色，确保了数据分析结果的可靠性和准确性。

## （二）机器学习的数学原理

机器学习算法（如支持向量机、神经网络、深度学习等）的背后是复杂的数学优化问题。高等数学中的最优化理论为这些算法提供了坚实的数学基础，使得机器学习模型能够在训练过程中不断优化参数，达到最小化损失函数的目标。例如，在深度学习中，通过反向传播算法和梯度下降优化方法，神经网络能够自动学习数据的特征表示，进而完成高效的分类、回归等任务。矩阵分析作为高等数学的重要组成部分，在机器学习领域具有广泛应用。无论是数据的预处理、特征提取，还是模型的训练与推理，都离不开矩阵运算的支撑。流形学习等非线性降维技术，则通过挖掘数据内在的低维结构，为处理高维数据提供了有效的手段。这些数学工具不仅提升了机器学习算法的性能和效率，还拓展了其应用场景和范围。

## （三）跨学科融合的创新

数据科学与机器学习的应用几乎已经渗透到所有领域，这种跨学科的融合不仅推动了技术的进步，还催生了新的研究方向。在自然语言处理领域，通过结合语言学知识和机器学习算法，可以完成文本的分类、摘要、机器翻译等复杂任务，为智能客服、信息检索等应用提供了强大的技术支持。在图像处理领域，深度学习等机器学习技术为图像的识别、分割、生成等提供了高效的方法。这些技术在医学影像分析、自动驾驶、安防监控等领域具有广阔的应用前景。同时，数据科学与机器学习的结合也推动了推荐系统的发展，通过分析用户的行为数据和偏好，为用户提供个性化的信息和服务。跨学科融合还催生了新的研究方向，如计算生物学和金融科技等。在计算生物学中，运用数据科学和机器学习技术，可以解析基因序列、预测蛋白质结构、研究生物网络等，为精准医疗和生物技术的创新提供了可能。在金融科技领域，数据科学和机器学习技术被广泛应用于风险评估、信用评级、智能投顾等方面，提升了金融服务的效率和智能化水平。

## 三、金融学与经济学

### （一）风险管理与定价

在金融市场中，风险与收益并存，如何有效管理风险并合理定价金融资产，是金融机构和投资者面临的核心问题。高等数学，尤其是随机过程和随机微积分，为这一挑战提供了强有力的解决方案。布莱克-斯科尔斯期权定价模型（Black-Scholes Model）就是一个典型的例子，它利用随机微积分理论，假设资产价格遵循几何布朗运动，从而推导出期权的公允价值。这一模型不仅为期权交易提供了理论基础，也极大地推动了金融衍生品市场的发展。与此同时，风险度量方法如在险价值（VaR）的引入，使得金融机构能够量化并控制潜在的市场风险。VaR 通过统计方法，估计在给定置信水平下资产组合在未来一定时期内的最大可能损失，为风险管理策略的制定提供了量化依据。这些数学模型的广泛应用，不仅提高了金融机构的风险管理能力，也促进了金融市场的稳定和健康发展。

### （二）经济均衡与动态分析

为了深入理解经济系统的动态行为，经济学家借助微分方程和动态规划等数学方法，建立了一系列经济模型。这些模型能够描述经济增长、经济周期、最优税收政策等宏观经济问题的动态过程，为政策制定者提供了科学的决策依据。其中，微分方程在经济模型中的应用尤为广泛。例如，索洛增长模型（Solow Growth Model）利用微分方程描述了资本积累、劳动力增长和技术进步对经济增长的影响，揭示了经济长期增长的动力来源。而动态规划则被应用于解决最优控制问题，如拉姆齐模型（Ramsey Model）通过动态规划方法研究如何在跨期资源分配中实现社会福利最大化，为政府制定长期经济政策提供了指导。这些数学方法的应用，不仅帮助经济学家理解经济系统的动态行为，还能够预测政策变化对经济的影响，为政策制定者提供科学的决策支持。通过模拟不同政策情景下的经济走势，政策制定者可以更加精准地把握政策调整的时机和力度，促进经济的平稳运行和可持续发展。

### （三）计量经济学的发展

计量经济学作为经济学与统计学的交叉学科，旨在通过实证分析经济变量之间的关系，检验经济理论的有效性。随着统计学和线性代数等数学工具的不断发展，计量经济学在经济政策制定中的作用日益凸显。借助回归分析、时间序列分析、因子分析等统计方法，计量经济学家能够利用实际数据估计经济模型的参数检验经济理论的预测能力。这些分析不仅揭示了经济变量之间的内在联系，还能够评估政策变化对经济系统的影响，为政策制定提供科学依据。同时，计量经济学的发展也促进了经济政策制定的科学化和精准化。通过构建经济预测模型和政策效应评估模型，政策制定者能够预测不同政策选项的经济效果，从而选择最优的政策组合。

## 四、物理学与工程学

### （一）物理定律的数学表达

物理学作为自然科学的基石，其核心在于揭示自然界的基本规律，而数学则是表达这些规律最为精确的语言。牛顿运动定律以简洁的代数形式，阐述了力与运动之间的基本关系，为经典力学奠定了坚实的基础。麦克斯韦方程组则通过偏微分方程的形式，统一描述了电场、磁场以及它们之间的相互作用，开启了电磁学的新纪元。爱因斯坦的相对论，更是将数学与物理的结合推向了新的高度，通过张量分析等高级数学工具，揭示了时间与空间的本质联系，彻底改变了人类对宇宙的认知。偏微分方程在物理学的各个领域中发挥着至关重要的作用。在波动现象中，波动方程描述了波的传播特性，无论是声波、光波还是电磁波，都可以通过波动方程进行精确的描述和预测。在热传导问题中，热传导方程揭示了热量在介质中的传播规律，为研究材料科学、实施能源工程等提供了重要的理论依据。

## （二）工程技术的优化

有限元方法作为一种高效的数值分析方法，被广泛应用于结构分析、流体力学、热传导等多个领域。通过将复杂的工程结构划分为有限个单元，并在每个单元上应用力学原理进行求解，有限元方法能够精确地计算结构的应力、应变等关键参数，为工程设计提供科学的依据。这不仅提高了设计的效率，也显著增强了工程结构的安全性。线性规划作为另一种重要的数学工具，在资源分配优化、生产调度、物流规划等领域发挥着重要作用。通过构建线性规划模型，可以求解在给定约束条件下目标函数的最大值或最小值，从而实现资源的最优配置。在工程项目管理中，线性规划可以帮助决策者制定合理的资源分配方案，确保项目的顺利进行和成本的有效控制。通过运用数学方法建立系统的数学模型，并设计合适的控制器来实现对系统的精确控制，控制理论为工业自动化、航空航天、交通运输等领域的发展提供了强大的技术支持。这些数学工具的应用，不仅提升了工程技术的水平，还推动了工程实践的创新和发展。

## （三）计算物理与工程仿真

随着计算能力的不断提升，计算物理与工程仿真成为研究复杂物理现象和工程问题的重要手段。通过数值方法求解数学模型，可以模拟实验难以实现的条件，为科学研究和工程实践提供有力的支持。在计算物理领域，数值模拟方法被广泛应用于天体物理、量子物理、材料科学等多个领域。通过模拟宇宙的演化过程、量子粒子的运动轨迹以及材料的微观结构等复杂现象，计算物理为揭示自然界的奥秘提供了新的视角和方法。在工程仿真方面，数值模拟方法同样发挥着重要作用。在航空航天领域，通过模拟飞行器的飞行过程、发动机的工作状态以及结构的应力分布等关键参数，可以为飞行器的设计和优化提供科学依据。在汽车工程领域，数值模拟方法可以帮助工程师预测车辆的碰撞安全性、空气动力学性能等关键指标，为车辆的设计和改进提供有力支持。

# 五、生物学与医学

## （一）生物系统的数学建模

生物系统是一个高度复杂、动态变化的体系，其内部存在着众多的非线性关系和反馈机制。为了深入理解这些复杂过程，数学家和生物学家携手合作，运用微分方程、随机过程等数学工具，建立了可以描述生物体内动态过程的数学模型。这些模型不仅涵盖了基因表达调控、神经网络活动、疾病传播等生命现象，还揭示了生物系统内在的复杂性和非线性特征。微分方程在生物系统建模中占据核心地位，例如，通过构建基因调控网络的动力学模型，可以揭示基因表达水平如何随时间变化，以及不同基因之间的相互作用如何影响细胞的命运。这些模型不仅有助于理解生命现象的基本机制，还为疾病治疗提供了潜在的药物靶点。此外，随机过程理论在描述生物系统的随机性和不确定性方面发挥着重要作用。例如，通过模拟疾病在人群中的传播过程，可以预测疫情的流行趋势，为公共卫生政策的制定提供科学依据。这些数学模型的建立和求解，不仅加深了人们对生物系统复杂性的理解，还为生物医学研究提供了新的视角和方法。

## （二）医学图像处理与分析

随着 CT、MRI 等成像技术的不断发展，医学图像已成为疾病诊断和治疗的重要信息来源。然而，这些图像往往包含大量噪声和冗余信息，如何有效提取有用信息并进行分析，是医学图像处理面临的主要挑战。数学在医学图像处理中发挥着关键作用。首先，重建算法是医学成像技术的核心。通过运用数学方法，如傅里叶变换、滤波技术等，可通过原始的成像数据重建出高质量的图像，为医生的诊断提供清晰的视觉依据。其次，图像分割是医学图像处理的重要步骤。通过运用数学形态学、图论等方法，可以将图像中的不同组织或病变区域分割开来，为后续的定量分析提供基础。最后，特征提取是医学图像分析的关键环节。通过运用机器学习、深度学习等算法，可以从图像中提取出与疾病相关的特征，为疾病的早期诊断和治疗提供重要信息。

医学图像处理与分析技术的发展，不仅提高了疾病的诊断准确率，还为精准医疗的实现提供了有力支持。通过结合患者的临床信息和医学图像数据，医生可以更加全面地了解患者的病情，制定更加个性化的治疗方案，从而提高治疗效果和患者的生活质量。

### （三）精准医疗与个性化治疗

精准医疗是近年来医学领域的一大热点，其核心思想是基于患者的个体差异，制定个性化的治疗方案。这一理念的实现，离不开数学在大数据分析和机器学习算法方面的应用。数学正在改变传统的医疗模式，通过挖掘患者数据中的模式，预测疾病风险，指导个性化治疗方案的设计，使医疗向更加精准、高效的方向发展。大数据分析在精准医疗中发挥着重要作用。通过收集和分析患者的基因组信息、临床数据、生活习惯等多维度数据，可以揭示疾病的发生、发展机制，以及不同患者之间的个体差异。这些信息为制定个性化的治疗方案提供了重要依据。例如，在癌症治疗中，通过分析患者的基因组数据，可以识别出与药物敏感性相关的基因变异，从而为患者选择最合适的药物和剂量。机器学习算法在精准医疗中也发挥着越来越重要的作用。通过训练模型来预测疾病的风险和进展，可以为医生提供及时的预警和干预建议。此外，机器学习还可以帮助医生从海量医学文献和临床数据中挖掘出有价值的信息，为决策提供支持。这种以数据驱动的方法，不仅提高了医疗的精准性和效率，还促进了医学知识的积累和传播。

# 第三节　课程设计原则与案例分析

## 一、高等数学课程设计的基本原则

### （一）整体化原则

整体化原则在高等数学课程设计中的贯彻与落实，是确保数学教育质量、提升学生综合素养的关键所在。这一原则不仅强调了高等数学作为一门独立学科所应具备的系统性和逻辑性，更着重于数学与其他学科课程之间的相互渗透与相互促进，旨在构建一个既严谨又开放的课程体系。

在高等数学课程设计中，系统性和连贯性是数学基础知识的两大核心要素。系统性要求课程设计能够全面覆盖数学的基本概念、原理和方法，确保学生在学习过程中能够建立起完整的数学知识体系。这包括从基本的数学运算、初等函数到微积分、线性代数、概率论与数理统计等高等数学的核心内容。每一部分都应被精心设计，以确保学生在掌握前序知识的基础上，能够顺利过渡到后续内容的学习。连贯性则强调各部分知识之间的内在联系和逻辑顺序，避免知识的割裂和跳跃，使学生在学习过程中能够循序渐进，逐步深化对数学原理和方法的理解。同时，整体化原则强调高等数学课程设计应与专业需求紧密结合，将数学知识与实际应用相融合，形成具有专业特色的课程体系。这要求课程设计者不仅要精通数学知识，还要深入了解相关专业的知识背景和应用需求，以便在课程内容的选择和组织上，能够突出数学在解决专业领域问题中的重要作用。

## （二）统一化与区别化相结合原则

高等数学课程设计在追求卓越的教育目标时，必须精心平衡统一化与区别化的双重需求，这一理念是数学教育现代化的重要标志。统一化要求为全国范围内的高等数学课程设定统一的基本要求和标准，这是确保教育质量、促进学生流动和终身学习的基础。它旨在通过规范化的教学大纲、核心知识点和评估标准，使所有学生都能掌握必要的数学知识和技能，包括基本的数学运算、逻辑推理、问题解决策略等，为学生后续的专业学习和职业生涯奠定坚实的数学基础。这种统一性不仅体现了教育公平的原则，还促进了不同地区、不同教育机构之间的教学交流与合作。然而，统一化并不意味着忽视个体差异和多样化的教学需求。

区别化是高等数学课程设计中不可或缺的一部分，要求课程设计者充分考虑不同地区的教育资源、文化背景、经济发展水平的差异，以及不同专业对数学知识的特定需求和学生认知能力的多样性。通过灵活调整课程内容、难度和教学方法，区别化策略旨在满足各类学生的学习需求，促进每个学生的个性化发展。例如，对于数学基础较为薄弱的学生，可以加强对基础知识的教学和辅导；对于具有较高数学素养的学生，则可以提供更深入的理论探讨和更具挑战性的实践项目。此外，针对不同专业的特点，高等数学课程应融入更多与该专业相关的数学应用案例，以增强数学教学的实用性和针对性，使学生能够更好地将数学知识应用于解决实际问题的过程中。

## （三）逻辑顺序与认知程序统一原则

高等数学作为一门逻辑严密、结构严谨的学科，其课程设计必须严格遵循数学学科的逻辑顺序和学生的认知程序，这是确保教学质量、提升学生学习效果的关键所在。在构建课程内容体系时，应特别注重知识的逻辑性和连贯性，确保各个知识点之间的内在联系和逻辑顺序得以充分体现，从而避免跳跃式学习带来的知识断层和理解困难。这一原则要求课程设计者深入剖析数学知识的内在结构，明确各个概念、定理、方法之间的逻辑关系，以及它们在解决实际问题中的具体应用，为学生提供一个清晰、系统的学习路径。同时，高等数学课程设计还需充分考虑学生的认知水平和心理特点。不同年龄段、不同学习背景的学生在认知能力、学习习惯、兴趣点等方面存在差异，因此，课程设计应具备较强的灵活性，以适应多样化的学习需求。这就要求教师采用多样化的教学方法和手段，如启发式教学、讨论式教学、探究式教学、项目式教学等，以激发学生的学习兴趣，引导他们主动参与教学过程，通过动手操作、合作交流、反思总结等方式，逐步构建自己的数学知识体系。

教师通过精心设计的例题、习题和案例，引导学生在解决问题的过程中，学会抽象思维、逻辑推理、数学建模等数学方法，以提高他们的数学素养和创新能力。同时，课程设计还应关注学生的情感体验，营造一个积极、健康的学习氛围，使学生在数学学习过程中，不仅能够掌握知识，更能感受到数学的魅力，从而激发他们持续学习的动力。

### （四）应用性原则

应用性原则在高等数学课程设计中的贯彻，是提升数学教育质量、增强学生综合素质的重要途径。这一原则强调，高等数学课程的设计不应仅仅局限于数学理论的传授，而应注重数学知识的实用性，将数学知识与实际应用紧密结合，使数学成为学生解决实际问题的有力工具。在课程内容的选择和组织上，教师应充分考虑数学在工程技术、经济管理、信息技术等领域的广泛应用，通过引入真实的案例分析和项目实践，让学生在解决实际问题的过程中，深刻体会到数学的实用价值和魅力。

课程内容应涵盖数学在各个领域的具体应用案例，如利用微积分解决物理问题、运用线性代数优化经济模型、借助概率统计分析数据等。这些案例不仅能够帮助学生理解抽象的数学概念，还能激发他们运用数学知识解决实际问题的兴趣。课程设计应设计项目实践环节，鼓励学生组建团队，围绕实际问题展开数学建模、算法设计和编程实践。通过项目实践，学生不仅能够锻炼数学应用能力，还能培养团队合作、沟通表达和创新思维等多方面能力。此外，高等数学课程设计还应注重培养学生的问题解决策略和创新思维。教师应通过引导学生分析问题、提出假设、设计解决方案、验证结果等过程，培养他们独立思考和批判性思维的能力。同时，课程设计应鼓励学生探索数学与其他学科的交叉点，促进学科之间的融合与创新，为培养具有跨学科知识和能力的新型人才奠定坚实的基础。

### （五）以学生为中心的原则

高等数学课程设计应深刻体现以学生为中心的教育理念，将学生的学习需求和兴趣置于首位，致力于激发学生的学习兴趣和积极性。这是提升教学效果、促进学生全面发展的重要基石。在课程设计过程中，教师需细致入微地了解学生的学习背景、认知特点、兴趣偏好及未来职业规划，以此为基础，精心构建课程内容与制定教学策略，确保教学活动能够精准对接学生的实际需求。

高等数学课程应采用多元化的教学方法和手段，打破传统讲授式教学的单一模式，积极引入启发式、讨论式、探究式等以学生为主体的教学模式。启发式教学通过创设问题情境，引导学生主动思考，激发他们的求知欲和探索精神；讨论式教学鼓励学生围绕数学问题展开讨论，通过交流观点、碰撞思想，深化对数学概念和方法的理解；探究式教学则让学生在解决实际问题的过程中，自主探究数学原理，培养他们的问题解决能力和创新思维。在教学过程中，教师还应充分利用现代信息技术，如多媒体、在线学习平台、数学软件等，为学生营造丰富多样的学习环境，使抽象的数学知识变得直观、生动，降低学习难度，提高学习效率。同时，组织小组合作学习、项目式学习等活动，让学生在团队协作中共同探索、解决问题，不仅能够培养他们的自主学习能力，还能增强他们的团队合作意识和社会交往能力。

## 二、高等数学课程设计的案例分析

### （一）案例一：指数函数的图象与性质

#### 1. 教学目标

（1）让学生掌握指数函数的定义、图象和性质。

（2）培养学生观察、分析和归纳的能力。

（3）让学生体会数形结合的思想方法。

#### 2. 教学过程

（1）引入新课：通过实际问题（如细胞分裂、放射性物质衰变等）引入指数函数的概念，激发学生的学习兴趣。

（2）概念讲解：阐述指数函数的定义，强调底数 a 的取值范围及其数学意义。

（3）图象绘制：引导学生利用描点法画出指数函数的图象，观察图象特征，归纳出指数函数的性质。

（4）性质分析：结合图象，分析指数函数的定义域、值域、单调性、奇偶性等性质，以加深学生对指数函数的理解。

3．案例分析

本案例通过实际问题引入指数函数的概念，激发了学生的学习兴趣。在教学过程中，教师注重引导学生观察、分析和归纳，培养了学生的数学思维能力和解决问题的能力。同时，知识在实际问题中的应用，体现了数学知识的实用性，符合应用性原则的要求。

## （二）案例二：级数求和问题

### 1．教学目标

（1）让学生掌握级数的概念及基本性质。

（2）让学生学会求解简单的级数问题。

### 2．教学过程

（1）引入新课：通过实际问题（如无限项求和）引入级数的概念，激发学生的学习兴趣。

（2）概念讲解：阐述级数的定义、分类及基本性质，强调级数收敛与发散的概念。

（3）例题分析：通过具体例题（如等比级数求和）的讲解，演示级数求和的方法，引导学生掌握求解步骤。

（4）讨论交流：组织学生讨论级数的收敛性判断方法，鼓励学生表达自己的观点和见解。

（5）拓展应用：通过解决实际问题（如复利计算中的无穷级数），巩固级数求和的知识，培养学生的数学应用能力。

### 3．案例分析

本案例通过实际问题引入级数的概念，激发了学生的学习兴趣。在教学过程中，教师注重引导学生掌握级数求和的方法和步骤，培养了学生的数学运算能力。同时，通过讨论交流和拓展应用，学生加深了对级数收敛性的理解，培养了数学思维能力和解决问题的能力。

### （三）案例三：医学图像处理与分析

**1. 教学目标**

（1）让学生掌握医学图像处理的基本方法和技术。

（2）培养学生运用数学工具解决医学问题的能力。

**2. 教学过程**

（1）引入新课：通过医学图像的展示，介绍医学图像处理的重要性和应用背景，激发学生的学习兴趣。

（2）理论讲解：阐述医学图像处理的基本概念、原理和方法，包括图像增强、图像分割、特征提取等。

（3）案例分析：选取典型的医学图像处理案例（如 CT 图像重建、MRI 图像分割等），分析处理过程中运用的数学方法和技巧。

（4）实践操作：组织学生进行医学图像处理实验，运用所学方法和技术解决实际问题。

（5）讨论交流：组织学生讨论实验过程中的问题和解决方案，分享学习心得和体会。

**3. 案例分析**

本案例通过医学图像的展示和案例分析，激发了学生的学习兴趣。在教学过程中，教师注重引导学生掌握医学图像处理的基本方法和技术，培养了学生的数学应用能力和解决实际问题的能力。同时，通过实践操作和讨论交流，学生加深了对医学图像处理的理解和掌握，符合应用性原则的要求。

# 第四节　数学思维与问题解决能力的培养策略

## 一、创设问题情境，激发学习兴趣

### （一）实例引入

在数学教学中，实例引入作为一种有效的教学策略，能够显著增强学生对数学知识的理解与应用能力，进而培养其数学思维与问题解决能力。这一方法的核心在于，将抽象的数学概念与理论通过生活化的实际问题进行包装，使学生在熟悉的情境中学习数学知识，使其感受到数学与生活的紧密联系。实例引入的优势在于其能够激发学生的情感共鸣，使数学学习不再枯燥乏味，而是充满了探索的乐趣。当学生意识到所学的数学知识能够解决他们生活中的实际问题时，他们的学习动机将得到极大的增强。此外，实例引入还有助于学生形成数学模型思想，即学会将现实问题抽象为数学问题，进而运用数学方法进行分析和解决，这是数学思维与问题解决能力培养的关键一环。

### （二）悬念设置

悬念设置作为一种教学艺术，通过精心创设的问题情境，引发学生的好奇心和探究欲，从而促使学生主动参与到问题解决的过程中。在数学课堂上，悬念的设置可以围绕一个看似矛盾的现象、一个未解之谜或一个令人困惑的结果展开，使学生在"为什么"和"怎么样"的追问中，逐步深入数学的本质。例如，在讲解几何图形的性质时，教师可以先展示一个看似不规则但实则蕴含某种规律的图形，并提问："这个图形隐藏着什么秘密？如何通过数学方法揭示它？"这样的悬念，能够立即吸引学生的注意力，激发他们的探索欲望。在探究过程中，学生需要运用观察、分析、推理等多种数学思维能力。这不仅加深了他们对数学知识的理解，还锻炼了其问题解决能力。悬念设置还鼓励学生跳出固有的思维框架，从不同的角度审视问题，尝试多种可能的解决方案。这对于培养学生的创新思维尤为重要。通过不断解开悬念，学生逐渐学会在面对复杂问题时保持冷静，运用数学思维进行系统分析，最终找到问题的答案。这一过程本身就是对数学思维与问题解决能力的有效锻炼。

## 二、注重思维过程，培养思维能力

### （一）启发式教学

启发式教学作为一种以学生为中心的教学模式，其核心在于通过教师的巧妙提问和适时引导，激发学生的内在潜能，促使他们主动发现问题、分析问题和解决问题。在数学教学中，这一策略尤为重要，因为它不仅能够促进学生对数学知识进行深入理解，还能有效培养他们的数学思维与问题解决能力。教师提出的问题应具有层次性和引导性，从简单到复杂，从具体到抽象，逐步引导学生深入思考。例如，在讲解一次函数的概念时，教师可以先通过实际情境（如距离与时间的关系）引出问题，然后提问："如果时间增加，距离会如何变化？""这种变化关系如何用数学表达式来描述？"这样的问题链能够引导学生逐步揭示一次函数的本质特征，即两个变量之间的线性关系。在这种启发式的问题的引导下，学生不仅掌握了知识，更重要的是学会了如何运用数学思维去探索未知。启发式教学的一大优势在于，它能够激发学生的探究欲望，鼓励他们尝试不同的解题策略，从而培养创新思维。当学生在教师的引导下，通过自己的努力找到问题的答案时，他们所获得的不仅是知识本身，更获得了解决问题的能力和自信心。

## （二）反思与总结

在数学学习中，反思与总结要求学生在解决问题后，回顾整个解题过程，分析成功与失败的原因，提炼出有效的解题策略和方法，从而形成自己的数学思维模式。这一过程不仅巩固与深化了知识，更促进了思维能力的提升与飞跃。反思与总结应贯穿数学学习的始终。在每次解题后，教师都应引导学生进行自我提问："我是如何找到这个答案的？""有没有更简洁或更通用的解题方法？""我在解题过程中遇到了哪些困难，是如何克服的？"通过这些问题，学生可以清晰地看到自己的思维轨迹，发现思维的优点与不足，进而调整和优化自己的解题策略。反思与总结不仅是对个体解题经验的梳理，更是对数学思维的提炼和升华。教师应鼓励学生将反思的结果以笔记、报告的形式记录下来，与同伴分享。这样不仅可以加深学生的理解，还能让学生在交流中碰撞出新的思维火花。通过长期的反思与总结，学生能够逐渐形成一套属于自己的数学思维模式。这对他们未来的学术发展和问题解决能力的提升具有深远影响。

## 三、加强实践操作，提升问题解决能力

### （一）课堂实验

课堂实验作为一种将理论与实践紧密结合的教学方法，对培养学生的数学思维与问题解决能力具有显著效果。在数学教学中，教师可以精心设计一系列实验活动，让学生在动手操作的过程中直观感受数学原理，发现问题并尝试解决问题，从而深化对数学概念的理解，并锻炼其问题解决能力。课堂实验的设计应注重趣味性和探究性，以激发学生的学习兴趣和探索欲望。例如，在讲解几何图形的性质时，教师可以设计一个简单的实验，让学生用纸条或木棒构建不同的几何形状，并观察这些形状在拉伸、扭曲过程中的变化，从而直观理解几何图形的稳定性和对称性。这样的实验不仅能够帮助学生从直观上理解数学概念，还能提高他们提出问题、分析问题并寻找解决方案的能力。在实验过程中，教师应鼓励学生大胆尝试，勇于提出自己的猜想，并通过实验验证其正确性。这种"试错"的过程本身就是对问题解决能力的一种锻炼，要求学生不断调整自己的思路，直至找到正确的答案。

### （二）课外实践

课外实践是课堂学习的延伸和补充，为学生提供了更为广阔的空间，创设了更为复杂的情境，以锻炼他们的问题解决能力。在数学教学中，教师应积极鼓励学生参与数学竞赛、数学建模等课外活动。这些活动不仅能够提升学生的数学水平，更能培养他们的创新思维和实际问题解决能力。数学竞赛作为一种高水平的智力游戏，要求学生在限定时间内解决一系列复杂的数学问题。参与竞赛能够锻炼学生的快速反应能力、逻辑推理能力和创新思维，使他们在面对难题时能够迅速找到突破口。同时，竞赛中的团队合作也能培养学生的集体荣誉感和团队协作能力，这对于他们未来的社会适应能力有着积极的影响。数学建模则是一种将数学知识应用于解决实际问题的活动。通过参与数学建模项目，学生能够将复杂的现实问题抽象为数学模型，并运用

数学方法进行求解。这一过程不仅要求学生具备扎实的数学基础，还要求他们具备跨学科的知识、创新思维能力和团队协作能力。

## 四、倡导合作学习，促进思维碰撞

### （一）小组讨论

小组讨论作为一种促进学生间互动与合作的教学策略，对培养学生的数学思维与问题解决能力具有不可小觑的作用。在数学教学中，教师可以将学生分成若干小组，每组围绕一个特定的数学问题或主题展开讨论。这种讨论不仅是对数学概念的简单复述，更重要的是鼓励学生提出自己的见解、疑问和猜想，通过相互交流与辩论，共同探究问题的本质。小组讨论的优势在于，它能够提供一个相对宽松和自由的学习环境，使每个学生都有机会表达自己的想法，并在同伴的反馈中不断完善自己的想法。在讨论过程中，学生需要学会倾听他人的观点，理解并尊重不同的解题思路，这有助于培养他们的批判性思维和包容性心态。同时，小组讨论还能够激发学生的创造力和想象力，使他们在思维的碰撞中产生新的灵感和解决方案。为了确保小组讨论的有效性，教师应设定明确的讨论目标和规则，并引导学生围绕核心问题进行深入探讨。

### （二）合作解题

合作解题是另一种有效的数学教学策略，它要求学生以团队的形式共同解决复杂的数学问题。这类问题通常具有一定的挑战性和开放性，需要团队成员分工合作，各自承担不同的任务，最终整合各自的成果以完成整个问题的解答。合作解题不仅能够锻炼学生的问题解决能力，还能培养他们的团队协作精神和责任感。在合作解题过程中，每个学生都有机会发挥自己的特长和优势。一些学生可能擅长数学运算，而另一些学生则可能在逻辑推理或空间想象方面更具优势。通过团队合作，学生可以相互学习、取长补短，共同提高。同时，合作解题还要求学生学会有效沟通、协调不同意见以及共同制定解题策略，这些都是未来社会和职业生涯中不可或缺的能力。为了确保合作解题的成功，教师需要精心设计问题，确保其难度适中，既能够激发学生的挑战欲望，又不会让他们感到过于沮丧。同时，教师还应关注学生的合作过程，提供必要的指导和支持，帮助他们建立有效的合作机制，确保每个团队成员都能积极参与，共同为解决问题贡献力量。

## 五、渗透数学思想，提升数学素养

### （一）函数思想

在教学中渗透函数思想，意味着要引导学生从动态和相互关联的角度去理解数学中的变量，把握它们之间的变化规律。这一思想不仅有助于学生深入理解数学概念的本质，还能培养他们分析问题和解决问题的能力。函数思想的精髓在于，它强调了变量之间的依赖性和变化性。通过学习函数，学生能够理解一个变量如何随着另一个变量的变化而变化，这种变化遵循着怎样的规则或模式。例如，在物理学中，速度可以看作时间的函数，描述了物体在不同时间点的运动状态；在经济学中，需求可以看作价格的函数，揭示了价格变动如何影响消费者的购买意愿。通过函数思想，学生能够将复杂的现实问题抽象为数学模型，进而运用数学方法进行分析和预测。在教学中，教师可以通过创设实际问题情境，引导学生发现变量间的函数关系，并用图表、公式等方式进行表示。同时，鼓励学生运用函数知识去解决实际问题，如最大值、最小值问题，从而加深他们对函数思想的理解并学会运用。

### （二）数形结合思想

数形结合思想不仅有助于学生更好地把握数学概念的几何意义，还能激发他们的空间想象力和创造力。数形结合思想的核心在于实现图形与数量之间的相互转化。一方面，学生可以通过观察和分析图形，直观地理解数学概念和问题，如通过几何图形来理解三角形的性质、圆的方程等。另一方面，学生也可以将抽象的数学问题转化为图形语言，从而更直观地揭示问题的本质，如通过绘制函数图象来理解函数的性质、求解方程等。在教学中，教师应注重培养学生的数形结合能力，引导他们学会将图形与数量进行灵活转换。例如，在讲解函数时，教师可以鼓励学生绘制函数图象，通过观察图象的特征来理解函数的单调性、极值等性质；在解决几何问题时，可以引导学生运用代数方法进行分析和求解，从而实现几何与代数的有机融合。

## 六、引入信息技术，创新教学方式

### （一）多媒体教学

多媒体教学的优势在于其强大的视觉和听觉表现力，对于数学这样一门逻辑严密、抽象性强的学科，学生往往难以仅凭文字描述和口头讲解来完全理解某些复杂的概念和原理。而多媒体教学则能够通过图像、动画等视觉元素，将抽象的数学概念具象化，帮助学生建立起直观的数学模型，从而加深学生对知识的理解和记忆。例如，在讲解几何图形的变换时，教师可以利用动画展示图形的平移、旋转、缩放等过程，使学生在动态的观察中掌握变换的规律和性质。此外，多媒体教学还能激发学生的学习兴趣和积极性。与传统的黑板加粉笔的教学方式相比，多媒体教学更加新颖、有趣，能够吸引学生的注意力，使他们在轻松愉快的氛围中学习数学知识。同时，多媒体教学还能提供丰富的案例和实例，帮助学生将数学知识与现实生活联系起来，以增强他们的应用意识和实践能力。

### （二）在线学习资源

在数学教育中，教师可以充分利用在线学习资源，引导学生利用在线学习平台进行自主学习和探究学习，从而拓宽他们的知识面和视野。在线学习资源具有丰富性、多样性和便捷性等特点。学生可以通过访问各种数学网站、论坛、博客等，获取大量数学资料和学习资源，包括教学视频、课件、习题集、解题技巧等。这些资源不仅涵盖了数学的基础知识和基本技能，还涉及数学的前沿领域和应用实践，能够满足不同层次学生的学习需求。在线学习资源还能培养学生的自主学习能力和探究精神。在网络环境中，学生可以根据自己的兴趣和需求选择学习内容和学习方式，自主安排学习时间和掌握学习进度。这种学习方式能够激发学生的学习兴趣和主动性，培养他们的自主学习能力和探究能力。

# 第三章　以学生为中心的教学方法探索

## 第一节　从教师中心到学生中心的教学转变

### 一、教师中心教学模式的局限

#### （一）忽视学生的个体差异

教师中心教学模式，虽然在历史上长期占据主导地位，并在特定时期内对于确保教学的一致性和效率起到了积极作用，但其固有的"一刀切"教学方式日益凸显出局限性。此模式倾向于将全体学生视为具有相同学习起点、能力和兴趣的同质群体，而忽视了学生之间在基础知识储备、学习能力水平、兴趣爱好乃至学习风格上存在的显著差异。具体而言，对于那些基础知识较为薄弱或学习能力相对欠缺的学生而言，这种标准化的教学内容和进度往往构成了一种难以逾越的障碍。他们可能因无法跟上教学节奏而感到困惑、挫败，甚至产生厌学情绪，这会影响到其学习积极性和自信心。相反，对于那些基础扎实、学习能力强且对数学知识抱有浓厚兴趣的学生来说，这种缺乏针对性的教学方式过于平淡乏味，缺乏足够的挑战性和深度，无法有效激发他们进一步探索数学奥秘的热情和动力。因此，这种忽视个体差异的教学方式不仅限制了学生个性化发展的空间，还阻碍了教学质量的整体提升。它未能充分利用学生的潜能，使得教学活动难以达到最佳效果，更无法培养出既具备扎实数学基础，又富有创新精神和解决实际问题能力的高素质人才。

### （二）抑制学生的主动性和创造性

在传统的教学模式中，教师往往扮演着知识传授者和课堂掌控者的双重角色，他们被视为教学活动的中心，负责将预设的数学知识系统地传授给学生。在这种框架下，学生主要承担被动接受知识的任务，其学习行为被严格限定在听讲、记笔记和完成练习等被动活动之中。这种教学方式虽然在一定程度上确保了教学过程的秩序性和知识传递的高效性，但严重限制了学生的主动性和创造性。在这种被动的学习环境中，学生的思维往往被束缚于教师设定的框架之内，难以跳出固有的思维模式进行独立思考和探索。他们缺乏主动参与课堂讨论和探究活动的机会，无法就所学内容提出自己的见解和疑问，更无法通过实践和创新来深化对知识的理解。长此以往，学生的创造力和批判性思维能力得不到有效的培养，他们的才华和潜能难以得到充分的展示和发挥。此外，这种教学方式还可能导致学生对数学学习产生厌倦和抵触情绪。由于缺乏主动参与和探究的机会，学生可能逐渐失去对数学的兴趣和热情，将数学学习视为一种负担和任务，而非一种探索和发现的过程。这不仅影响了学生的学习效果，还阻碍了他们数学素养的全面提升。

### （三）缺乏与实际问题的联系

以教师为中心的教学模式，在强调数学知识体系系统性和完整性的同时，往往过于偏重数学理论的传授，而未能充分展现数学与现实世界之间的紧密联系。在这种教学导向下，教师倾向于将大量时间和精力投入数学概念的解析、定理的证明以及公式的推导等纯理论环节，却相对忽视了数学知识在实际问题解决中的应用价值和实践意义。这种教学模式的局限性在于，它可能使学生陷入一种"为数学而数学"的学习状态，即学生虽然能够熟练掌握各种数学理论和技巧，但难以用这些知识解决实际生活中遇到的问题；学生缺乏对数学应用价值的深刻认识，无法体会到数学作为工具在科学研究、工程技术、经济管理等多个领域所发挥的关键作用。长此以往，学生可能对数学产生一种抽象、脱离实际的印象，进而影响其学习数学的积极性和兴趣。更为严重的是，这种教学模式可能抑制学生创新思维和问题解决能力的发展。学生仅仅将数学视为一种理论学习的对象，就失去了通过数学解决实际问题、探索未知领域的锻炼机会。他们难以养成将数学知识与实际问题相结合的思维习惯，也就无法在解决实际问题中体验到数学的魅力和力量。

## 二、学生中心教学模式的内涵

### （一）以学生为学习的主体

学生中心教学模式作为一种现代教育理念，从根本上改变了传统教学模式中教师与学生的角色定位，明确强调学生在学习过程中的主体地位，而教师则转变为学习的引导者和辅助者。这一模式的核心在于，它倡导学生积极参与课堂活动，通过主动探究数学知识，掌握数学的基本概念和原理，培养自主学习能力和创新思维。在这一模式下，学生不再是知识的被动接受者，而成为知识的探索者和构建者。鼓励他们在课堂上积极发言，提出自己的见解和疑问，与教师和同学进行深入的交流和讨论。通过参与问题解决、项目研究等实践活动，学生能够亲身体验数学知识的形成过程，理解数学的本质和思想方法，从而加深对数学的理解和掌握。同时，学生中心教学模式注重培养学生的自主学习能力。教师不仅是知识的传授者，更是学生学习的指导者和伙伴。他们为学生提供丰富的学习资源和指导，帮助学生学会学习、有效地管理自己的学习时间、独立地获取知识和解决问题。在这种自主学习过程中，学生能够逐渐发展起批判性思维和创新能力，为未来的学习和发展奠定坚实的基础。

### （二）注重学生的个体差异

学生中心教学模式深度体现了教育的人文关怀与个性化追求，其核心理念在于充分尊重并接纳每一位学生在基础知识、学习能力、兴趣爱好以及认知风格上存在的个体差异。在这一模式下，教师不再拘泥于传统的"一刀切"教学方式，而是转变为一个敏锐的观察者、灵活的策略制定者及个性化的指导者。教师需通过细致的观察、有效的沟通以及多样化的评估手段，深入了解每位学生的实际情况，包括他们的学习起点、优势领域、潜在困难以及个人发展目标。基于这些综合信息，教师能够量身定制个性化的教学计划和教学策略，精准对接不同学生的学习需求，实现因材施教。个性化教学计划的制订，不仅涉及教学内容的调整与深化，更包括教学方法与手段的创新。教师应根据学生的特点，灵活运用讲解、讨论、实验、项目式学习等多种教学形式，创造有利于学生主动探索、合作交流的学习环境。同时，通过定期反馈与动态调整，确保教学方案始终贴近学生的学习进展与需求，促进每位学生都能在最适合自己的节奏和方式下，实现知识的有效建构与能力的全面发展。

## （三）强调数学的应用价值

在数学教育领域，学生中心教学模式尤为注重数学与实际问题的紧密联系，深刻强调数学知识的应用价值与实践意义。这一模式要求教师摒弃传统的纯理论教学方式，转而将数学置于解决真实世界问题的广阔背景之中，以此激发学生的学习兴趣，深化其对数学原理的理解，并培养其应用意识和实践能力。教师需精心挑选或设计与现实生活、科学研究、工程技术等紧密相关的数学问题，为教学提供载体。通过这些问题情境，教师引导学生运用所学数学知识，如代数、几何、概率统计等，进行分析、建模、推理和求解，使学生在解决实际问题的过程中，亲身体验到数学的力量和魅力。此过程不仅加深了学生对数学概念、公式和定理的掌握，还促使学生形成将抽象的数学知识与具体实际问题相对接的思维模式，培养了他们的应用意识和实践能力。在这一过程中，学生学会了从实际问题中抽象出数学模型，学会了将数学解转化为实际可行的解决方案。这种跨学科的整合能力，是未来社会所需人才的关键素养。

# 三、实现教学转变的策略

## （一）转变教师的教学观念

实现从教师中心到学生中心的教学转变，其根本在于教师教学观念的深刻转型与升级。这一转变要求教师首先从认知层面深刻意识到，学生是学习活动的主体，是知识建构的积极参与者而非被动接受者。教师需摒弃传统教学中灌输者的角色定位，转而成为学生学习旅程中的引导者与辅助者，致力于营造一个以学生为中心、鼓励其主动探索与合作学习的教学环境。在此基础上，教师还需具备持续学习与自我革新的精神，不断更新教育理念和教学方法，以适应新时代对人才培养的多元化、个性化需求。这包括掌握现代教育技术，如数字化教学资源、在线学习平台等，以丰富教学手段、提升教学效率；同时，深入研究学生心理与学习规律，设计符合学生认知特点的教学活动，激发学生的学习兴趣与内在动力。更重要的是，教师需具备批判性反思能力，定期回顾与评估教学实践，识别并改进那些阻碍学生主动学习与创新能力发展的教学行为。教师通过构建项目式学习、探究式学习等新型教学模式，引导学生在解决实际问题中深化理解，培养高阶思维能力和实践能力，从而实现真正意义上的以学生为中心的教学转变。

## （二）改革教学方法和手段

学生中心教学模式的核心在于通过多样化的教学方法和手段，充分激发学生的学习兴趣与主动性，从而促使学生在探究与实践中深化对知识的理解，培养其创新思维与实践能力。为实现这一目标，教师应积极探索并实施诸如问题式教学法、项目式教学法等先进的教学策略。问题式教学法，即围绕真实或模拟的问题情境展开教学，鼓励学生主动发现问题、分析问题并尝试解决问题。这一方法能够有效激发学生的好奇心与求知欲，促使学生在解决问题的过程中主动建构知识体系，提升批判性思维和问题解决能力。项目式教学法则强调学生在完成具体项目的过程中学习和应用知识，通过团队合作、资料收集、方案设计、实践操作等环节，不仅加深了学生对数学原理的理解，还锻炼其沟通协作、时间管理和创新思维等多种能力。

此外，教师应充分利用多媒体技术和网络资源，如交互式电子白板、在线教学平台、虚拟实验室等，为学生提供丰富多样的学习材料和互动工具。这些现代教学手段不仅能够使抽象的数学概念直观化、生动化，提高学生的学习兴趣，还能打破时空限制，拓宽学生的学习视野，促进自主学习与合作学习，从而显著提升教学效果和学习体验。

## （三）加强对学生自主学习能力的培养

在学生中心教学模式中，学生的自主学习能力被置于核心地位，成为衡量教学质量与学生学习成效的关键指标。鉴于此，教师承担着至关重要的角色，需系统性地加强对学生自主学习能力的培养与指导。具体而言，教师应当指导学生掌握有效制订学习计划的方法，这包括设定清晰的学习目标、合理规划学习时间以及安排恰当的学习内容。通过这一过程，学生不仅能逐步培养时间管理的意识与能力，还能学会根据个人学习进度与效果进行自我调整，从而培养良好的自我监控能力。这种能力使学生能够在独立学习过程中，及时识别学习障碍，调整学习策略，确保学习活动的持续性和有效性。同时，为了支持学生的自主学习，教师必须提供丰富多样的学习资源和个性化的学习指导。这包括但不限于精选的教科书、在线课程、学术论文、实践案例等，旨在满足不同学习风格的学生的学习需求。教师还应鼓励学生利用数字工具和平台，如在线论坛、协作软件等，进行资源共享与讨论交流，以此促进学生之间的合作学习与知识共建。

## （四）建立有效的评价机制

为了全面、准确地评估学生的学习状况，教师需要构建一套多元化、多维度的评价体系。这一体系不仅涵盖学生的课堂参与度、作业完成质量、项目成果展示等传统评价内容，还应纳入学生的自主学习能力、团队协作能力、创新思维能力等 21 世纪核心素养。在实施评价时，教师应注重过程性评价，即不仅关注学生的学习结果，更要重视其在学习过程中的表现与进步。通过日常观察、课堂互动、小组讨论记录等手段，教师可以收集到丰富的过程性数据。这些数据为深入了解学生的学习态度、学习策略以及遇到的困难提供了实证依据，有助于教师及时调整教学策略，为学生提供个性化的指导与支持。同时，发展性评价也是不可或缺的一环。它强调评价的诊断性与建设性，旨在通过评价促进学生自我反思与成长。教师应定期与学生进行一对一的反馈会谈，向学生提出具体、可行的改进建议，鼓励学生设定个人发展目标，并追踪其进展。这种评价方式能够增强学生的自我效能感，激发其内在学习动力，促使学生在不断反思与调整中实现自我超越。

# 第二节　学生自主学习能力的培养与指导

## 一、自主学习能力培养的策略

### （一）激发学习动机

学习动机是推动学生自主学习的核心力量。它源于学生对知识的渴望、对成就以及对个人价值的追求。在高等数学教学中，激发学习动机是首要任务。它关乎学生是否能够主动投入学习，持续探索数学世界的奥秘。教师应精心创设具有挑战性和趣味性的问题情境，使学生置身于需要运用数学知识解决问题的真实或模拟环境中。这种情境能够激发学生的好奇心和求知欲，促使他们主动寻求解决方案，从而在学习过程中获得成就感和满足感。教师应将抽象的数学概念与现实生活或专业领域中的实际问题相结合，通过案例分析，让学生看到数学的应用价值。这种教学方法能够增强学生的学习动机，使他们认识到学习数学不仅是为了应对考试，更是为了解决实际问题，提升他们的个人能力和价值。合理的奖励机制能够激励学生积极参与学习活动，提高其学习动力。教师可以设置学习里程碑，如在学生完成特定章节的学习、解决难题时，给予相应的奖励（如表扬、加分、颁发证书等）。这种正向反馈能够增强学生的自信心和成就感，进一步激发他们的学习动机。教师与学生共同制定具体、可衡量的学习目标，有助于他们明确学习方向，保持学习动力。目标设定应遵循 SMART 原则（S = Specific、M = Measurable、A = Attainable、R = Relevant、T = Time-bound），以确保目标的可行性和有效性。

## （二）教授学习策略

学习策略是学生自主学习的重要组成部分。它涉及如何有效地获取信息、处理信息、记忆信息以及运用信息解决问题。在高等数学教学中，教授学习策略是提升学生自主学习能力的关键。教师应指导学生学会制订合理的学习计划，合理安排学习时间，避免拖延和浪费时间。同时，教授学生如何根据学习任务的难易程度和重要性进行优先级排序，以确保高效利用时间。教师教授学生如何记录课堂笔记、如何整理笔记，从而形成清晰的知识框架。此外，教师还可以引导学生尝试使用不同的记笔记方法，如思维导图、康奈尔笔记法等，以找到最适合自己的记笔记方法。复习是巩固知识、提高学习效果的重要环节。教师应指导学生制订复习计划，定期回顾所学知识，避免遗忘。同时，教授学生如何运用复述、提问、练习等复习方法，以加深对知识的理解和记忆。结合高等数学的特点，教师应教授学生一些特定的学习策略，如数学建模策略、问题解决策略等。这些策略能够帮助学生更好地理解和应用数学知识，提高学生解决问题的能力。例如，通过数学建模活动，学生可以学会将实际问题转化为数学问题，并运用数学知识进行求解；通过问题解决策略的学习，学生可以学会分析问题、提出假设、验证假设并得出结论。

## （三）提供学习资源

教材是学生学习高等数学的主要依据，教师应选用内容全面、结构清晰、难度适中的教材，并提供相关的参考书目，以便学生深入学习和拓展知识。同时，教师还可以根据学生的学习水平和兴趣，向学生推荐一些优秀的数学读物，以激发学生的学习兴趣和探究欲望。随着信息技术的发展，网络资源已成为自主学习的重要来源。教师应指导学生利用网络资源进行学习，如学习在线课程、观看教学视频、参与学术论坛等。网络资源能够为学生提供更加灵活、便捷的学习方式，帮助他们更好地理解和掌握数学知识。图书馆和学术数据库是获取学术资源的重要渠道。教师应鼓励学生利用这些资源，查阅相关的学术论文、研究报告等，以了解数学领域的最新进展和研究成果。这有助于学生拓宽视野，提升学术素养。高等数学的学习不仅需要理论知识，还需要通过实践来加深理解和灵活应用。教师应为学生提供实践资源，如数学实验室、数学建模竞赛等，以便学生进行实践操作和探究。这些实践资源能够帮助学生将理论知识与实际应用相结合，提高他们的实践能力和创新能力。

## （四）培养自我监控和自我评估能力

在高等数学教学中，教师应引导学生学会对自己的学习过程进行监控和评估，以确保自主学习的质量和效果。教师可以要求学生将学习计划记录下来，以便随时查看和调整。教师还应鼓励学生记录自己的学习进度，如完成的学习任务、解决的问题等，这不仅有助于学生了解自己的学习情况，及时发现存在的问题并采取相应的措施进行调整，还能够为学生提供反思和评估的依据。反思是自我评估的重要环节，教师应引导学生对自己的学习结果进行反思，思考自己是否达到了预期的学习目标，是否理解了所学的数学知识，是否能够运用这些知识解决问题等。通过反思，学生可以发现自己的不足之处，并寻求改进的方法。根据学生的自我监控和自我评估结果，教师应指导学生调整学习策略。例如，如果学生的学习效率较低，教师可以建议尝试调整学习时间、改变学习方法等；如果学生对某个数学概念理解不够深入，教师可以建议查阅相关资料、请教同学等。通过调整学习策略，学生可以更好地适应自主学习过程，提高学习效果。

## （五）鼓励合作与交流

虽然自主学习强调学生的独立性，但合作与交流同样重要。在高等数学教学中，教师应鼓励学生与他人合作，共同解决问题，以促进知识的共享和思维的碰撞。教师可以根据学生的学习水平和兴趣，将他们分成若干小组，并为每个小组分配学习任务。在小组讨论中，学生可以围绕问题进行交流和探讨，分享彼此的观点和想法，共同解决问题。这种合作学习能够帮助学生拓展思路，加深对知识的理解。教师可以鼓励学生与他人合作解题，通过分工合作、互相协作来解决问题，这种合作方式能够帮助学生发挥各自的优势，共同克服困难，提高解决问题的能力。教师可以组织学生开展学习经验分享活动，让他们互相交流学习心得和体会，这种分享能够帮助学生发现新的学习方法，拓宽学习视野，提高自主学习能力。在合作学习中，学生需要与他人进行沟通和协作，共同完成任务，这有助于学生培养团队合作精神和沟通能力，提高他们的社会适应能力。同时，团队合作还能够激发学生的学习兴趣和积极性，增强他们的自信心和成就感。

## 二、教师在自主学习中的指导作用

### （一）设计合理的学习任务

设计合理的学习任务是高等数学自主学习的基石。学习任务不仅要符合学生的学习水平和需求，还要具有挑战性、趣味性和实用性，以激发学生的学习兴趣和探究欲望。学习任务应设置在学生的最近发展区，即既不完全超出学生的能力范围，又具有一定的挑战性。这样既能保证学生在完成任务的过程中获得成就感，又能激发他们的求知欲和探索精神。同时，任务的难度应逐步升级，使学生在不断挑战中逐步提升自我。高等数学往往因其抽象性和复杂性而让学生感到枯燥。因此，设计学习任务时，教师应注重将数学知识与实际问题相结合，通过解决具有现实意义的数学问题，增强学习的趣味性和实用性。例如，通过建模解决经济、物理或工程中的实际问题，可以让学生看到数学的应用价值，从而提高学习的积极性和主动性。设计学习任务时，教师需充分考虑学生的自主学习能力和时间安排，将任务分解为若干子任务，对每个子任务都设定明确的目标和时间节点，以便学生分阶段完成。

同时，教师应提供必要的指导和资源，帮助学生合理安排学习时间，掌握有效的学习方法，确保学生能够独立完成任务。

## （二）提供有效的学习支持

教师需要提供及时、有效的学习支持，帮助学生解决问题、克服困难，确保自主学习的顺利进行。教师应建立包括在线答疑、学习资源分享、学习小组讨论等多种形式的学习支持系统。这些系统可以为学生提供即时的学习帮助，解决他们在学习过程中遇到的问题。同时，通过分享学习资源和经验，学生可以相互借鉴，共同提高。教师应根据学生的学习情况和需求，提供个性化的指导和反馈，包括针对学生的学习难点进行重点讲解，对学生的学习策略和方法进行评估并提出改进意见，以及定期与学生进行一对一的交流，了解他们的学习进展和遇到的困难，为其提供必要的支持和帮助。在自主学习过程中，学生可能因遇到挫折和困难，导致学习动力和自信心下降。教师需要关注学生的心理状态，及时给予鼓励和支持，帮助他们调整心态，重拾学习信心。同时，教师还应营造一个积极、包容的学习环境，让学生敢于提问、敢于尝试、敢于面对挑战。

## （三）监督与评估学习过程

教师需要对学生的自主学习过程进行监督与评估，确保他们能够按照计划进行学习，并取得预期的学习效果。在自主学习开始前，教师应与学生共同设定明确的学习目标和评估标准。这些目标和标准应具有可衡量性和可操作性，以便在后续的学习过程中进行监督和评估。同时，教师还应定期对这些目标和标准进行调整和完善，以适应学生的学习需求和发展。多元化的评估方式，包括作业批改、测试组织、项目评审等，有助于全面了解学生的学习情况和进步程度。这些评估方式不仅可以反映学生的学习成果，还可以帮助教师发现学生在学习过程中存在的问题和不足，为他们提供有针对性的指导和帮助。在监督和评估过程中，教师应及时向学生提供反馈，指出他们在学习过程中的优点和不足，并提出改进意见。同时，教师还应鼓励学生进行自我评估和反思，帮助他们发现自己的学习盲点和误区，调整学习策略和方法，提高自主学习效果。

## （四）培养自我反思与总结能力

教师需要引导学生对自己的学习过程进行反思和总结，帮助他们发现自己的不足和优势，调整学习策略和方法，为后续的自主学习奠定坚实的基础。学生应养成定期反思的习惯，对自己的学习过程、学习方法和学习成果进行思考和总结。通过反思，学生可以发现自己在学习中的问题和不足，明确改进方向，提高学习效果。教师应为学生提供一些反思工具和方法，如学习日志、反思卡片等，帮助学生记录自己的学习过程和感受。同时，教师还应引导学生运用批判性思维对自己的学习进行审视和评价，培养他们的独立思考能力和自我提升意识。定期的反思活动，如学习经验分享会、学习问题研讨会等，为学生提供了交流和反思的平台。通过这些活动，学生可以分享自己的学习经验和教训，相互借鉴和学习，共同提高自主学习能力和水平。

## （五）鼓励创新与探索

教师需要为学生提供宽松的学习环境，鼓励他们敢于尝试新的学习方法和策略，敢于挑战难题和未知领域，激发其创新潜能和实践能力。在鼓励创新、宽容失败的学习氛围中，学生敢于尝试、敢于探索。同时，教师还应鼓励学生提出问题，引导他们进行独立思考和批判性思维，培养他们的创新意识和能力。教师可以为学生提供一些创新资源，如数学建模软件、数学实验平台等，帮助他们进行数学探索和创新实践。这些资源不仅可以拓展学生的学习视野和思维方式，还可以提高他们的实践能力和创新能力。教师还可以定期组织一些创新活动，如数学建模竞赛、数学创新项目等，为学生提供展示和交流的平台。在这些活动中，学生可以运用所学的数学知识解决实际问题，体验创新的乐趣和成就感，进一步激发创新潜能和实践能力。

# 第三节　合作学习与小组讨论在高等数学中的应用

## 一、合作学习的定义与特点

合作学习（Cooperative Learning）是 20 世纪 70 年代初兴起于美国的一种富有创意和实效的教学理论与策略。合作学习是一种结构化的、系统的学习策略，由 2~6 名能力各异的学生组成一个小组，以合作和互助的方式进行学习，共同完成小组学习目标，通过提高每个人的学习水平来提高整体成绩，获取小组奖励。

合作学习的核心特征如下。

### （一）组内异质，组间同质

组内异质性要求教师在分组时，有意识地将具有不同学习能力、思维方式、性格特征和兴趣爱好的学生组合在一起。这样的安排不仅能够避免小组内部出现单一化的思维倾向，还能激发每个学生的潜能，鼓励他们从不同的角度思考问题，提出多样化的解决方案。将数学基础扎实与基础相对薄弱的学生混搭，可以让基础扎实的学生在帮助他人的过程中巩固知识，同时基础薄弱的学生也能通过同伴的讲解理解知识。外向型学生可能更擅长表达和交流，而内向型学生可能更善于观察和思考。这样的组合可以促使双方在合作中相互学习：外向者带动讨论氛围，内向者贡献深思熟虑的见解。不同兴趣爱好的学生聚在一起，可以从各自擅长的领域出发，为小组学习带来新颖的视角和创意，使学习过程更加丰富多彩。

### （二）合理分工，互动共赢

每个小组成员都应被赋予特定的角色，如组长、记录员、资料员等。这些角色可以根据任务需要灵活调整，也可以定期轮换，以便每位学生都能体验不同的角色，培养多方的能力。组长负责协调小组内的讨论次序，确保每位成员都有机会发言，同时监督任务进度，保持小组目标与整体教学目标的一致性。记录员负责记录小组讨论的要点、决策过程和最终结论，确保信息的准确性和完整性，便于后续复习和汇报。资料员负责收集和整理与任务相关的资料，为小组讨论提供必要的信息支持，促进知识共享和深度学习。通过明确的分工，每个成员都能感受到自己对小组的贡献，增强责任感和参与感，同时也在互动中学会如何更有效地与他人合作，实现共赢。

### （三）组间互评，组内激励

为了进一步提升合作学习的效果，采用"组间互评，组内激励"的评价机制尤为重要。这意味着小组之间会相互评价对方的工作结果，而小组内部则通过正向激励来增强团队凝聚力。

鼓励学生以客观、建设性的态度评价其他小组的工作，不仅能促进学生之间相互学习，还能培养他们的批判性思维和评价能力。通过对比其他小组的表现，学生可以反思自身不足，寻找改进方向。在小组内部，教师应设立奖励机制（如最佳贡献奖、最佳协作奖等）表彰那些积极参与、贡献突出的学生。这种正向激励能够增强学生的自信心，激发他们的内在动力，同时促进小组内部的良性竞争和营造合作氛围。

## 二、合作学习在高等数学中的应用

### （一）共同探究与问题解决

在高等数学教学中，学生所面对的知识点常常是复杂且抽象的，这使得其在理解和掌握上存在一定的难度。合作学习模式的引入，实质上为学生营造了一个集思广益、协作攻关的学习环境。在这种环境中，学生不再是孤立的学习者，而是成为学习共同体中的一员。他们可以通过小组内的深入交流与探讨，共同对高等数学中的抽象概念进行解读，对难题进行剖析。合作学习鼓励学生彼此分享对概念和问题的初步理解，这种分享不仅有助于学生发现自己的认知盲点，还能从他人的视角获得新的启示。例如，在探讨微积分中的极限概念时，不同的学生可能会从不同的角度理解这一概念，通过分享与交流，学生可以更加全面地把握极限的本质。面对高等数学中的难题，合作学习模式允许学生共同寻找解决方案。在小组内，学生可以集思广益，各自提出解题思路和方法，然后通过比较和讨论，选择最佳的解题策略。这种合作不仅锻炼了学生的思维能力，还提高了他们解决实际问题的能力。通过共同探究与问题解决，学生还能够培养团队协作精神和沟通技巧。

### （二）协作完成学习任务

合作学习鼓励学生通过分工合作来分解复杂的学习任务，每个学生可以根据自己的专长和兴趣，选择适合自己的任务。这种分工不仅使得每个学生都能在自己擅长的领域发挥最大的作用，还有助于提高整个小组的学习效率。在小组内，学生可以相互借鉴、学习彼此的研究成果，从而更加全面地掌握高等数学的知识点。这种资源共享不仅提高了学生的学习效果，还培养了他们的团队协作精神和集体荣誉感。通过协作完成学习任务，学生还能够锻炼自己的组织协调能力和沟通能力。在分工合作的过程中，学生培养了与他人协商、分配任务、整合各自的研究成果等能力。这些能力的培养将对学生未来的学术和职业生涯产生积极的影响。因此，协作完成学习任务作为合作学习的一种重要形式，在高等数学教学中具有显著的应用价值。合作完成学习任务不仅能够帮助学生应对繁重且具有挑战性的学习任务，还能够培养其的团队协作精神和组织协调能力，为他们的全面发展奠定坚实的基础。

### （三）互相评估与反馈

通过互相检查作业、讨论解题思路等方式，学生可以及时发现并指出彼此在学习中存在的问题和不足。这种评估方式不仅有助于学生及时纠正自己的错误，还能够促进他们之间相互学习与进步。在评估过程中，学生需要学会客观、公正地评价他人的学习成果。这既是一种能力的锻炼，也是一种思维方式的培养。同时，通过接受他人的评估与反馈，学生能够更加全面地了解自己的学习状况，为后续的学习调整提供有力的支持。在小组内，学生可以看到自己的进步与成长，也可以从他人的成功中汲取经验和获得灵感。

## 三、小组讨论在高等数学中的应用

### （一）深化概念理解

由于高等数学涉及的概念往往较为抽象和复杂，传统的讲授方式可能难以帮助学生形成全面而深入的理解。而小组讨论作为一种主动学习方式，为学生提供了围绕特定概念展开深入探讨的机会。在小组讨论的过程中，学生可以就某一概念的定义、性质、应用等展开交流。通过从不同的角度阐述自己的理解，学生能够相互启发，发现概念之间的内在联系和深层含义。这种深入的探讨有助于学生摆脱表层理解的束缚，形成对概念的深刻认知。此外，小组讨论还鼓励学生提出疑问和困惑。在探讨过程中，学生可以针对自己不理解或模糊的概念提出问题，请小组成员解答。

### （二）拓展解题思路

高等数学题往往有多种解法，而小组讨论为学生提供了一个分享和拓展解题思路的优质平台。在小组讨论中，学生可以积极展示自己的解题思路和方法。通过分享各自的解题策略，学生能够学到更多的解题技巧和思维方式。这种交流不仅有助于拓宽学生的解题视野，还能够激发他们的创新思维，使他们探索更为高效和巧妙的解题方法。同时，小组讨论也鼓励学生对他人的解题思路进行评价和改进。在听取他人解法的过程中，学生可以提出自己的见解和建议，共同探讨解题方法的优劣和改进的方向。

### （三）培养批判性思维

在小组讨论中，学生被鼓励积极提出自己的观点，并对他人的观点进行客观的评价。这种讨论方式要求学生不仅要有自己的见解，还要学会倾听他人的意见，理性地分析和判断不同观点的合理性。通过不断讨论和辩论，学生逐渐培养了独立思考、客观分析问题的能力，形成了批判性思维习惯。此外，小组讨论还能够帮助学生在面对复杂问题时，学会从不同的角度审视问题，挖掘问题的本质和深层含义。这种多角度、全方位的思考方式正是批判性思维的重要体现。通过小组讨论的实践锻炼，学生能够更加熟练地运用批判性思维去分析和解决高等数学中的实际问题。

# 第四节 个性化学习路径的设计与实施

## 一、个性化学习路径设计理论基础

### （一）建构主义学习理论与个性化学习路径设计

建构主义学习理论为当今教育提供了深刻的视角，特别是在设计个性化学习路径方面。该理论的核心观点在于，学习并非简单地接受外部信息，而是一个主动建构知识的过程。学习者基于自身原有的知识经验，与外界的新信息不断进行交互，从而建构个人独特的知识体系。在这一过程中，学习者是积极的参与者，而非被动的接受者。在高等数学教学中，学生往往面临着抽象概念多、逻辑性强等挑战。教师若忽视学生原有的知识经验和认知结构，采用传统的灌输式教学，很可能导致学生难以理解和应用新知识，进而产生挫败感。因此，设计个性化学习路径时，教师必须充分考虑学生的个体差异，包括他们的先前知识、学习风格、兴趣爱好等。例如，对于数学基础较好的学生，教师可以设计更具挑战性的学习路径，引导他们探索高等数学的深层次原理和应用；而对于基础相对薄弱的学生，教师则应提供更多的支架式教学，帮助他们逐步建立起稳固的数学基础。此外，教师通过创设真实的问题情境、组织协作式学习活动等手段，可以激发学生的学习兴趣和主动性，促使他们更加积极地参与到数学知识的建构过程中。建构主义学习理论还强调学习的情境性和社会性。这意味着在设计个性化学习路径时，教师应注重创设与现实生活相关联的学习情境，以便为学生提供充足的社会互动机会。通过这样的设计，学生不仅能够更好地理解数学知识的实际意义，还能够在与他人的交流合作中不断提升自己的数学素养和问题解决能力。

### （二）多元智能理论与个性化学习路径设计

多元智能理论为个性化学习路径设计提供了重要的理论支撑。这一理论由美国教育学家和心理学家霍华德·加德纳提出，其打破了传统智力观念中单一、固定的智能模式，认为每个人的智能结构都是多元且独特的。在加德纳的理论框架中，智能被划分为多个领域，如语言智能、数学逻辑智能、空间智能、音乐智能、身体运动智能、人际交往智能和自我认知智能等。在设计高等数学个性化学习路径时，多元智能理论提示要尊重学生的智能差异。不同学生可能在数学逻辑智能方面存在显著差异，同时他们也可能在其他智能领域有着出色的表现。因此，教师应通过多样化的教学手段和资源，充分发挥学生的潜能和优势。例如，对于空间智能较强的学生，教师可以利用图形、图像等直观材料来辅助数学教学，帮助他们更好地理解和掌握抽象的数学概念；对于音乐智能突出的学生，教师则可以尝试将数学原理与音乐节奏相结合，为学生带来富有创意和趣味性的学习体验。此外，小组讨论、角色扮演等互动活动，可以培养学生的人际交往智能和自我认知智能，促进他们在数学学习中全面发展。

## 二、个性化学习路径的实施

### （一）智能化评估与诊断

在教育领域，智能化评估与诊断的核心在于利用大数据和人工智能技术对学生学习过程中的多维度数据进行全面、深入的分析，从而实现对学习状态和需求的精准把握。传统教育评估多依赖于定期的考试和教师的经验判断，这种评估方式往往注重结果而忽视过程，难以全面反映学生的真实学习水平和潜在问题。智能化评估与诊断则通过持续收集和分析学生的学习数据，包括作业完成情况、在线测试成绩、课堂参与度、学习时长等，构建出学生的学习画像，进而准确识别出学生的学习特点和问题所在。

通过对学生学习数据的挖掘和分析，可以发现学习过程中的隐含模式和关联，揭示学习效果的影响因素。例如，学习数据分析可以揭示学生对特定知识点的掌握程度，以及在不同时间段的学习效率变化。对于教师来说，这些信息是制订个性化教学计划的重要依据。同时，人工智能技术如机器学习和深度学习，能够基于大数据分析的结果，构建出预测模型，对学生的学习进展进行预测，及时发现潜在的学习障碍。

智能化评估与诊断不仅有助于教师更加科学地了解学生的学习状况，还能为学生提供个性化的学习建议。通过分析学生的学习数据，系统可以识别出学生的强项和弱项，进而推荐合适的学习资源和练习题，帮助学生有针对性地提升学习效果。此外，智能化评估与诊断还能实时监测学生的学习进度，及时发现学习中的异常情况，如学习动力下降或学习方法不当，为教师提供及时的干预建议。智能化评估与诊断的实现，依赖于教育数据采集、存储和分析技术的不断进步。随着教育信息化进程的加快，越来越多的学校和教育机构开始重视学习数据的收集和利用。同时，人工智能技术的快速发展，特别是机器学习和自然语言处理技术的进步，使得对学习数据的深度分析成为可能。未来，随着技术的不断进步和教育理念的革新，智能化评估与诊断将在教育领域发挥更加重要的作用，推动教育向更加个性化、精准化的方向发展。

## （二）定制化学习资源与活动

在教育领域，定制化学习资源与活动是指根据学生的个体差异和学习需求，为其提供量身定制的学习内容和活动。这种教育模式旨在满足每个学生独特的学习需求，帮助他们充分发挥潜力，实现个性化发展。定制化学习资源的提供，是基于对学生学习特点和需求的深入了解。传统教育模式往往采用"一刀切"的教学方法，而忽视了学生之间的个体差异。然而，每个学生都有自己独特的学习风格、兴趣和能力水平，因此，定制化学习资源成为提高教育效果的重要途径。

通过分析学生的学习数据，教师可以准确地了解学生的学习水平和兴趣点，为其推荐合适的学习材料。例如，对于基础薄弱的学生，教师可以提供更加基础、易于理解的辅导材料，帮助他们巩固基础知识；而对于学有余力的学生，教师则可以提供更具挑战性和拓展性的学习资源，激发他们的学习潜力和创造力。这种定制化的学习资源不仅能够满足学生的学习需求，还能激发他们的学习兴趣和动力。除了定制化的学习资源，定制化的学习活动也是个性化教育的重要组成部分。定制化的学习活动可以根据学生的学习特点和兴趣，设计符合其认知规律和学习节奏的活动。例如，对于喜欢动手实践的学生，教师可以设计更多的实验操作和项目制作活动；而对于喜欢思考和讨论的学生，教师则可以组织更多的课堂讨论和小组协作活动。这些定制化的学习活动不仅能够提高学生的学习效果，还能培养他们的创新能力和团队合作精神。

## （三）互动式学习环境构建

互动式学习环境是指借助网络平台和信息技术工具，构建的一种能够促进学生之间、师生之间以及学生与学习资源之间交流的教育生态。在这种环境中，学生不再是被动的知识接受者，而是成为学习的主体，积极参与讨论、协作和探究，从而实现知识的深度理解和应用。互动式学习环境的构建，是教育技术发展的重要成果，也是教育改革的重要方向。

互动式学习环境的核心特征是交互性。通过网络平台，学生可以随时随地访问学习资源，与教师和同学进行实时交流。这种交流不仅可以是文字、图片和视频的传输，还可以是在线讨论、小组合作和远程协作等多种形式。这种交互性为学生提供了更加丰富和多样的学习体验，激发了他们的学习兴趣和动力。同时，互动式学习环境还能够支持学生的自主学习和个性化学习，帮助他们根据自身的学习需求和兴趣，选择合适的学习内容和活动。在互动式学习环境中，网络平台和信息技术工具起到了关键作用。网络平台为学生提供了便捷的学习资源访问和交流渠道。学生可以通过网络平台获取课程资料、参与在线讨论、提交作业和查看反馈等，实现了学习全过程跟踪和管理。同时，网络平台还能够支持大规模在线开放课程（MOOCs）和虚拟教室等新型教育模式，为学生提供了更加广阔的学习空间和更多的机会。信息技术工具则为互动式学习提供了强大的技术支持。例如，即时通信工具方便学生与教师进行实时交流；协作编辑工具可以支持学生之间合作编写和修订文档；虚拟现实（VR）和增强现实（AR）技术则可以为学生提供沉浸式的学习体验，帮助他们更好地理解抽象的概念和原理。

## （四）动态调整与反馈机制

在教育领域，动态调整与反馈机制是确保教育策略持续优化和教学效果不断提升的关键环节。这一机制的核心在于，教师通过持续收集和分析学生的学习数据，及时调整教学计划和策略，同时为学生提供及时、具体的学习反馈，帮助他们更好地了解自己的学习状况并做出相应的调整。动态调整与反馈机制的实施，是教育个性化的重要体现，也是教育质量的重要保障。动态调整是指根据学生的学习进度和反馈情况，灵活调整教学计划和策略的过程。在教育实践中，学生的学习进度和掌握情况往往存在差异，这就需要教师根据学生的实际情况，及时调整教学内容、方法和进度。通过动态调整，教师可以确保教学计划与学生的实际需求相匹配，避免因"一刀切"的教学方式而导致学生学习困难或浪费时间。同时，动态调整还能够激发学生的学习兴趣和动力，帮助他们保持对学习的积极态度和热情。

反馈是指教师在教学过程中，通过观察、测试和与学生交流等方式，收集学生的学习信息，并对这些信息进行分析和解释，进而为学生提供有针对性的指导和建议。有效的反馈能够帮助学生及时了解自己的学习状况，发现存在的问题和不足，从而调整学习策略和方法。同时，反馈还能够增强学生的学习动力和自信心，帮助他们树立正确的学习观念和态度。在动态调整与反馈机制中，教师需要及时、准确地给予学生反馈。这就要求教师具备扎实的专业知识和教学经验，能够准确地判断学生的学习水平和问题所在，为他们提供切实可行的建议和指导。同时，教师还需要关注学生的情感和心理需求，以积极、鼓励的方式给予反馈，帮助学生建立积极的学习心态。

# 第四章　技术驱动的高等数学教学模式

## 第一节　数字化教学资源与在线学习平台

### 一、高等数学数字化教学资源

#### （一）高等数学数字化教学资源的内容

**1. 电子教材**

（1）便捷获取与深度学习的基石

高等数学电子教材作为传统教学模式向数字化转型的关键一环，正逐渐改变学生的学习方式。这一创新将原本厚重的纸质书籍转化为轻便、易携带的电子文档，使得学生只需借助电脑、平板或手机等电子设备，就能轻松获取和学习高等数学知识。这种转变不仅显著提升了教材的便携性和可获取性，更为学生带来了前所未有的学习灵活性和便捷性。在电子教材中，高等数学的知识点结构更为清晰、形式更为丰富，公式、图表、例题和解析等一应俱全，使得学生能够更加直观地理解复杂概念。电子教材还具备标注、笔记和搜索等实用功能，极大地方便了学生整理和回顾所学知识，有助于他们加深理解和记忆。值得一提的是，电子教材并非孤立存在，而是可以与在线学习平台、智能辅导系统等无缝对接。这种整合为学生提供了一个更加个性化、智能化的学习环境。通过数据分析，教师可以精准地掌握学生的学习情况，及时调整教学策略，从而实现因材施教。这种以数据驱动的教学方式，不仅提高了教学效果，还激发了学生的学习兴趣和动力。高等数学电子教材的出现，无疑为学生的学习带来了诸多便利。它不仅降低了学习门槛，还提升了学习效率和质量。随着技术的不断进步，电子教材在未来将发挥更加重要的作用，助力学生更好地掌握高等数学知识。

（2）高效与精准练习的桥梁

在高等数学的学习过程中，练习和巩固是不可或缺的关键环节。数字化题库作为这一环节的重要支撑，为学生提供了多样化的练习题资源。这些题库不仅全面覆盖了从基础概念到复杂应用的各个层面，还精心设计了多种题型，包括传统的选择题、填空题和计算题，以及更具挑战性的综合题和开放性问题。这样的设计旨在全方位锻炼学生的数学技能，不仅巩固基础知识，还培养他们的创新思维和解决实际问题的能力。数字化题库的优势在于其便捷性和个性化特质。学生可以随时随地通过电子设备访问题库，进行练习和巩固，不再受时间和空间的限制。系统还能根据学生的答题情况和能力水平，精准推荐合适的题目，实现个性化练习。这种定制化的学习方式，有助于学生在自己薄弱的方面进行有针对性的练习，从而提高学习效率。数字化题库通常配备即时的反馈机制。学生在完成练习后，可以立即查看答案和解析，及时了解自己的答题情况。这种即时的反馈有助于学生发现错误并纠正，避免错误知识的累积。通过反复练习和不断纠正，学生可以逐步提高解题的准确性和速度，为高等数学的学习奠定坚实的基础。

（3）直观理解与深度探索的媒介

在高等数学的学习过程中，学生常常会遇到抽象且复杂的概念和原理。对这些知识点，教师仅凭文字描述往往难以让学生完全理解，甚至可能使其产生困惑和误解。为了解决这一问题，教学视频与动画演示成为直观理解与深度探索的重要媒介。教学视频与动画演示通过直观的视觉呈现，将抽象的高等数学概念具象化。它们能够生动地演示数学公式的推导过程、几何图形的变换以及函数图象的变化等，使得学生可以更加直观地感受到数学的魅力和逻辑。这些视频和动画通常涵盖知识讲解、例题演示和解题步骤等各个方面，为学生提供了全方位、多层次的学习内容。除了直观性，教学视频和动画演示还具有可重复性和可控制性的特点。学生可以根据自己的学习节奏和需求，随时回放、暂停或加速播放视频，以便深入探究和理解某个知识点。这种灵活的学习方式有助于学生更好地掌握学习主动权，提升学习效果。教学视频和动画演示还可以与电子教材和数字化题库相结合，形成一个完整的学习链条。学生可以在观看视频后，立即通过电子教材进行复习和巩固，再通过数字化题库进行练习和测试。这种综合性的学习方式有助于学生全面提升高等数学的学习效果。

**2. 教学视频**

（1）高等数学基础概念精讲视频

在高等数学的学习过程中，基础概念的掌握至关重要。高等数学基础概念精讲视频能够带领学生深入剖析高等数学的基础概念，为后续的深入学习打下坚实的基础。教师可以从函数的定义与性质出发，详细讲解函数的单调性、奇偶性、有界性等基本性质，并通过生动的图形演示，帮助学生直观理解这些抽象概念。教师还可以用该视频介绍极限的概念及其计算方法，包括数列极限与函数极限，通过典型例题的分析与求解，让学生掌握求解极限的基本技巧。在导数部分，教师可以与学生深入探讨导数的定义、几何意义以及物理意义，并通过实际问题的应用，让学生感受到导数在解决实际问题中的强大作用。通过这样的学习过程，学生对高等数学的基础概念有了更加深入的理解，为后续的学习奠定了坚实的基础。

（2）高等数学核心定理与解题方法视频

在掌握了高等数学的基础概念之后，有的要学习核心定理与解题方法。高等数学核心定理视频将带领学生学习高等数学中的几大核心定理，如微积分基本定理、牛顿-莱布尼茨公式、泰勒公式等，通过详细的证明过程与解析，帮助大家理解这些定理的深刻内涵及其在数学领域的重要地位。该视频还将介绍一系列高效的解题方法，如换元积分法、分部积分法、洛必达法则等，通过大量例题演练，让学生熟练掌握这些方法的运用技巧。教师还可以探讨微分方程的基本类型与求解方法，以及级数理论中的收敛性判别与求和公式。通过这样的学习，学生不仅能够掌握高等数学的核心定理与解题方法，还能够提升解题速度与准确度，为应对各类考试与实际问题提供有力的支持。

### 3. 在线题库

（1）基础题型全面覆盖

高等数学在线题库首先致力于提供全面覆盖的基础题型。这些题目涵盖了从函数、极限、导数到积分、级数、微分方程等高等数学的核心内容。题目设计注重基础知识的巩固，通过不同角度、不同难度的题目，帮助学生深入理解高等数学的基本概念和原理。每道题目都附有详细的解析，以便学生在遇到难题时能够及时得到指导，理解解题思路，掌握解题方法。基础题型的全面练习，有助于学生构建扎实的数学基础，为后续学习更高级的数学内容奠定坚实的基础。

（2）综合应用与能力提升

除了基础题型外，高等数学在线题库还特别注重综合应用题的收录。这类题目通常涉及多个知识点的综合运用，要求学生能够灵活运用所学知识解决实际问题。通过练习这类题目，学生不仅可以加深对高等数学理论的理解，还能提升分析问题和解决问题的能力。题库还包含一些具有挑战性的难题，旨在激发学生的学习兴趣和探索精神，培养他们的数学思维和创新能力。综合应用题的练习，有助于学生在掌握基础知识的同时，实现能力的提升和思维的拓展。

（3）模拟考试与自我检测

高等数学在线题库还提供了丰富的模拟考试资源，供学生进行自我检测。这些模拟考试按照真实考试的格式和难度设计，旨在帮助学生熟悉考试流程，检验学习效果。通过模拟考试，学生可以及时发现自己的薄弱环节，有针对性地进行复习和巩固。题库还提供了详细的考试报告，包括得分情况、错题解析等，帮助学生全面了解自己的学习状况。模拟考试的定期举行，有助于学生保持良好的学习状态，提升其应试能力，为未来的高等数学考试做好充分的准备。

### 4. 教学课件

（1）精练要点与直观展示

高等数学的教学课件首先要精练地呈现课程的核心要点。每一张PPT都经过精心设计，确保内容准确、结构清晰，使教师能够高效地教授知识，使学生能轻松抓住学习重点。课件中不仅包含定理、公式的准确表述，还通过图表、动画等方法，将抽象的高等数学概念直观化，帮助学生克服理解的障碍。例如，在介绍空间解析几何时，利用三维图形动态展示曲面与曲线的形状，让学生能够更加直观地感受到空间的几何关系。课件还巧妙地融入了历史背景和实际应用案例，使数学知识不再是枯燥的符号游戏，而是充满趣味性和实用性的探索之旅。这样的设计，既提升了教师的教学效率，又提升了学生的学习兴趣和效果。

（2）例题解析与思维训练

高等数学的教学课件中，例题解析是不可或缺的一部分。精选的例题不仅覆盖了课程的所有重要知识点，还注重题目的多样性和层次性，从简单到复杂，逐步引导学生深入思考。每个例题后都附有详细的解题步骤和解析，不仅展示了解题技巧，更强调了数学思维的训练。通过解析例题，教师能够引导学生学会分析问题、选择合适的解题方法以及检查答案的正确性，课件还鼓励学生尝试一题多解，培养他们的创新思维和解决问题的能力。这种结合例题解析与思维训练的教学方式，有助于学生在掌握数学知识的同时，形成良好的数学素养和解决问题的能力，为未来的学习和工作打下坚实的基础。

## （二）高等数学数字化教学资源的应用

### 1. 自主学习

（1）个性化学习路径的构建

在高等数学数字化教学资源的支持下，自主学习成为可能。学生不再受限于传统课堂的固定节奏，而是根据自己的理解能力与学习进度，灵活选择学习内容。数字化教学资源如在线视频教程、电子教材等，为学生提供了丰富的学习材料，使他们能够针对自己的薄弱环节进行有针对性的强化。智能化的学习系统还能根据学生的学习表现，推荐适合他们的学习路径和难度适中的练习题，从而构建个性化的学习路径。这种自主学习模式，不仅提高了学习效率，还培养了学生的自我管理能力，使他们在高等数学的学习中更加主动和自信。

（2）时间与空间的灵活安排

高等数学的学习往往需要大量时间和精力，而数字化教学资源的应用，为学生提供了时间与空间上的极大灵活性。无论是在宿舍、图书馆，还是在家中，学生只要有连接互联网，就能随时获得丰富的学习资源。这种便捷性使得学习不再受地点和时间的限制。学生可以根据自己的作息习惯和精力，选择最合适的学习时段。数字化资源还支持碎片化学习，学生可以在短暂的空闲时间里，通过手机或平板电脑观看教学视频、阅读电子笔记，实现高效学习。这种灵活的学习安排，有助于学生更好地平衡学业与生活，提高学习效率。

（3）深度学习与自我反思

高等数学的数字化教学资源，不仅为学生提供了自主学习的便利，还促进了深度学习和自我反思。通过在线论坛、学习社区等互动平台，学生可以与其他学习者交流心得，分享解题经验，从而在讨论中深化对数学概念的理解。数字化资源通常配备丰富的反馈机制，如在线测试、自动评分系统等，这些工具能够帮助学生及时检验学习效果，发现学习中的盲点。在这种自主学习环境下，学生主动探索、尝试，通过不断自我反思和调整，逐步建立起扎实的数学基础。这种深度学习和自我反思的过程，是高等数学学习中不可或缺的一环，也是数字化教学资源带来的重要价值。

**2. 辅助教学**

（1）教学手段的多样化与创新

在高等数学教学中，数字化教学资源的引入为教师提供了多样化的教学手段和工具。教学视频成为一个重要的辅助工具，它不仅能够生动直观地展示数学概念和解题过程，还能帮助学生在课后进行复习和巩固。教师可以在课堂上播放相关视频作为知识的引入或难点的讲解，使复杂的数学概念变得易于理解。在线题库为教师提供了丰富的教学资源，可以根据教学需求，选取不同难度和类型的题目，组成有针对性的练习题或测验，从而检验学生的学习效果。这种多样化的教学手段，不仅提高了课堂的互动性和趣味性，还激发了学生的学习兴趣，使高等数学的教学更加生动和有效。

（2）教学效率与质量的提升

数字化教学资源在高等数学辅助教学中的应用，显著提升了教学效率和质量。通过在线教学平台，教师可以轻松管理教学资源和学生信息，实现教学流程的自动化和规范化。例如，利用在线作业提交和自动评分系统，教师可以快速收集和处理学生的作业，及时反馈学习结果，大大节省了批改作业的时间。数字化资源还为教师提供了学生的学习数据。通过分析这些数据，教师可以了解学生的学习情况和问题所在，从而调整教学策略，进行有针对性的辅导。数字化教学资源还促进了师生之间的交流和合作。教师可以通过在线论坛、邮件等方式，随时与学生保持联系，解答疑惑，提供学习建议。这些优势共同促进了高等数学教学效率的提升，也保证了教学质量的稳步提高。

### 3. 个性化学习

（1）精准匹配学习资源

在高等数学的学习中，数字化教学资源为个性化学习提供了强有力的支持。系统通过智能算法分析学生的学习行为、成绩以及兴趣偏好，能够精准地匹配到适合每个学生的学习资源。这意味着，对于基础较为薄弱的学生，系统可以推荐更为基础、易于理解的讲解视频和练习题，帮助他们巩固基础；而对于学有余力的学生，系统则能提供更具挑战性的题目和拓展阅读材料，以满足他们深入学习的需求。这种个性化的学习资源推荐，不仅提高了学习的针对性，还激发了学生的学习动力，使他们在高等数学的学习道路上更加得心应手。

（2）定制化学习路径规划

除了精准匹配学习资源外，数字化教学资源还能根据学生的学习进度和目标，定制个性化的学习路径。高等数学的知识体系复杂，每个学生可能都有自己的学习难点和兴趣点。通过数字化平台，学生可以设定自己的学习目标，系统则会根据这些目标，结合学生的学习情况，生成一条最优的学习路径。这条路径既包括必须掌握的基础知识，也融入了学生感兴趣的拓展内容，使得学习既有条理又不失趣味。系统还能根据学生的学习进展，动态调整学习路径，确保学生始终在最适合自己的节奏下学习高等数学。

（3）实时反馈与动态调整

在高等数学的学习过程中，及时的反馈和动态的调整对于提高学习效果至关重要。数字化教学资源通过实时跟踪学生的学习活动，能够迅速发现学生在学习中遇到的问题和困难。例如，当学生在某个知识点上的正确率较低时，系统可以立即提供相关的补充材料和强化练习，帮助学生及时巩固；系统还能根据学生的反馈和学习数据，动态调整学习内容的难度和类型，确保学生始终在最近发展区内学习，既不会感到学习过于困难而气馁，也不会因为学习过于简单而失去兴趣。这种实时反馈与动态调整的机制，使得个性化学习更加高效和灵活，为学生在高等数学领域取得优异成绩提供了有力保障。

## 二、高等数学教学在线学习平台

### （一）丰富的教学资源

#### 1. 全面覆盖的电子教材与教案

高等数学教学在线学习平台的首要任务是提供全面且系统的电子教材与教案。这些资源应涵盖高等数学的所有核心领域，如微积分、线性代数、概率论与数理统计等，确保学生能够获取到完整的知识体系。电子教材不仅要包含详细的公式推导和定理证明，还应辅以丰富的实例和图表，帮助学生更好地理解抽象概念。教案的设计应紧扣教学大纲，明确教学目标和重难点，为学生提供清晰的学习路径。这些电子教材和教案的准确性和权威性至关重要，平台需与知名教材编写者合作，以确保内容的科学性和可靠性。

#### 2. 生动直观的教学视频与多媒体课件

除了电子教材外，教学视频和多媒体课件也是高等数学在线学习平台不可或缺的一部分。教学视频应涵盖每个章节的核心内容，通过动画、图表和实例演示等方式，将抽象的数学概念具象化，帮助学生更直观地理解知识。多媒体课件则可以通过丰富的色彩、动态效果和交互设计，激发学生的学习兴趣和参与度。这些资源不仅有助于学生在课堂上跟随教师的节奏，还能在课后作为复习和巩固的重要工具。平台应确保这些视频和课件的制作质量，采用高清画质进行流畅的播放，以提升学习效果。

### 3. 精编习题库与实战演练

为了巩固所学知识并提升解题能力，高等数学教学在线学习平台还应提供精编的习题库。这些习题应涵盖不同难度和类型的题目，从基础练习到高级挑战题，满足不同层次学生的学习需求。习题库不仅应包括传统的选择题、填空题和计算题，还应引入应用题和综合题，以培养学生的实际应用能力和问题解决能力。高等数学教学在线学习平台应提供详细的解题步骤和答案解析，方便学生自我检查和学习；还应设置模拟考试和实战演练环节，让学生在模拟真实考试的环境中检验自己的学习成果，为未来的考试和职业发展做好准备。高等数学教学在线学习平台通过提供全面覆盖的电子教材与教案、生动直观的教学视频与多媒体课件以及精编习题库与实战演练等资源，为学生创造了一个丰富、多元且高效的学习环境。这些资源不仅有助于学生自主学习和巩固知识，还能提升他们的解题能力和实际应用能力，为未来的学术研究和职业发展奠定坚实的基础。

## （二）个性化学习支持

### 1. 智能算法洞察学习需求

在高等数学教学在线学习平台中，智能算法是实现个性化学习的关键。这些算法能够深入分析学生的学习行为，包括他们浏览的课件、观看的视频、完成的习题以及考试成绩等。通过这些数据，智能算法能够洞察学生的学习需求和薄弱环节。例如，智能算法若发现某位学生在某个微积分知识点上频繁出错，就会自动将该知识点标记为该学生的重点学习对象，并为其推荐相关的学习资源和练习题。这种基于数据的个性化分析，使得学习支持更加精准和高效。

### 2. 定制化学习路径与资源推荐

基于智能算法的分析结果，高等数学教学在线学习平台能够为学生定制个性化的学习路径和资源推荐。对于基础薄弱的学生，高等数学教学在线学习平台会推荐他们从基础知识开始，逐步深入，确保牢固掌握每个知识点。而对于学习能力较强的学生，高等数学教学在线学习平台则会提供更高难度的挑战题和拓展学习资源，以满足他们的求知欲和探索欲。高等数学教学在线学习平台还会根据学生的学习兴趣偏好，推荐相关的数学应用案例和前沿研究动态，激发学生的学习兴趣和动力。这种定制化的学习路径和资源推荐，使得每个学生都能在适合自己的节奏和难度下学习，从而提高学习效果。

### 3. 动态调整与持续优化学习支持

个性化学习支持并非一成不变的，而是需要根据学生的学习进展和反馈进行动态调整。高等数学教学在线学习平台会定期收集学生的学习数据和反馈意见，对智能算法进行训练和优化。例如，当发现某个推荐的学习资源对学生来说过于简单或过于困难时，算法会及时调整推荐策略，以确保学习资源与学生的实际水平相匹配。高等数学教学在线学习平台还会关注学生的学习习惯和偏好变化，及时调整学习路径和资源推荐策略。这种动态调整与持续优化机制，使得个性化学习支持能够不断适应学生的变化需求，为学生提供更加贴心和高效的学习支持。高等数学教学在线学习平台通过智能算法分析学生的学习行为、成绩和兴趣偏好，为学生推荐个性化的学习资源和学习路径。这种个性化的学习支持不仅有助于学生更好地掌握高等数学知识，提高学习效果，还能激发学生的学习兴趣和动力，培养他们的自主学习能力和创新思维。在未来的教育发展中，个性化学习支持将成为高等数学教学的重要趋势之一。

## （三）实时互动与答疑

### 1. 在线讨论区促进思维碰撞

在高等数学教学在线学习平台中，实时互动功能是实现高效学习的重要途径。其中，在线讨论区为学生提供了一个自由、开放的交流空间。在这里，学生可以就某个数学问题或概念发表自己的观点和见解，与其他同学进行深入讨论和交流。这种互动不仅有助于学生巩固所学知识，还能激发他们的思维活力，培养其批判性思维和创新能力。通过在线讨论区，学生可以相互启发、共同进步，营造浓厚的学习氛围。

### 2. 师生互动论坛搭建沟通桥梁

除了学生之间的互动外，平台还应设立师生互动论坛，在学生和教师之间搭建起一座沟通的桥梁。在论坛中，学生可以就学习中的疑难问题向教师请教，教师则可以及时给予解答和指导。这种直接的师生互动有助于消除学生的学习障碍，提升他们的学习效率和信心。教师还可以通过论坛了解学生的学习情况和反馈意见，及时调整教学策略和方法，以便更好地满足学生的学习需求。师生互动论坛的建立，使得教学过程更加透明和高效，有助于实现教学相长。

### 3. 专业答疑区确保问题及时解决

在高等数学学习中，学生难免遇到各种难题和困惑。为了确保学生的问题能够得到及时解决，平台应设立专门的答疑区。这个区域由专业教师或助教团队负责管理和维护。他们具有丰富的教学经验和专业知识，能够针对学生的问题给出准确、详细的解答。学生只需在答疑区提交自己的问题，就能迅速获得专业的回复和解决方案。这种即时的答疑服务不仅有助于学生克服学习中的困难，还能提升他们的学习满意度和积极性。答疑区的存在为学生提供了一个展示自己问题和寻求帮助的平台，有助于培养他们的自主学习能力和问题解决能力。高等数学教学在线学习平台通过提供实时互动功能和专业答疑服务，为学生创造了一个积极、互动的学习环境。在这个环境中，学生可以自由地表达自己的观点和见解，与教师和其他同学进行深入交流和讨论，获得及时、专业的答疑服务，确保学习中的问题得到及时解决。这些功能的实现不仅有助于提升学生的学习效果和积极性，还能培养他们的自主学习能力和创新思维，为未来的学术研究和职业发展奠定坚实的基础。

# 第二节 数学软件与编程工具在教学中的深度应用

## 一、高等数学软件在教学中的深度应用

### （一）增强教学的直观性

#### 1. 让抽象概念触手可及

高等数学软件如 MATLAB、Mathematica、Maple 等，以其强大的图形绘制功能，为数学教学带来了革命性的变化。这些软件能够轻松生成各种函数图象、空间几何图形，甚至动态演示数学概念和定理的形成过程。例如，在极限教学中，软件可以绘制出函数在某一点附近的图象，通过放大或缩小图象，学生可以直观地看到函数值随自变量趋近于某一点时的变化趋势，从而深刻理解极限的概念。同样地，在导数和积分教学中，软件可以动态展示函数图象的切线斜率、曲线下面积等，帮助学生直观感受导数和积分的几何意义。这种图形化的教学方式，不仅降低了数学学习的难度，还激发了学生的学习兴趣，使他们在轻松愉快的氛围中掌握数学知识。

#### 2. 揭示数学之美

高等数学软件的可视化功能，不仅包括静态的图形绘制，还包括动态的数学演示和模拟。这些工具能够让学生看到数学问题的动态解决过程，感受数学之美。例如，在多元函数教学中，软件可以绘制出三维空间中的函数图象，通过旋转、缩放等操作，学生可以全方位地观察函数图象的形状和性质。软件还可以模拟数学实验，如模拟布朗运动、求解微分方程等，让学生在实践中感受到数学的魅力。这种可视化的教学方式，不仅增强了学生的空间想象能力，还培养了他们的数学直觉和创新能力。

#### 3. 提升教学效果与效率

高等数学软件在教学中的深度应用，不仅体现在图形绘制和可视化方面，还体现在综合应用上。这些软件通常具有了数值计算、符号计算、数据分析

等多种功能，能够满足数学教学和研究的多种需求。教师可以利用这些软件进行课程设计和教学准备，如制作课件、编写教学案例等。学生则可以利用软件进行自主学习和探究学习，如验证数学定理、解决数学问题等。这种综合应用的方式，不仅提高了教学效果和效率，还培养了学生的自主学习能力和创新能力。高等数学软件还为数学教学提供了丰富的资源和工具，如在线教程、数学库等，方便学生进行个性化和自主化的学习。

## （二）提高教学效率

### 1. 加速教学进程

高等数学软件如 MATLAB、Mathematica 等，以高超的数值计算和符号计算能力，为数学教学带来了显著的效率提升。在传统教学模式中，教师需要花费大量时间进行复杂的数学计算，而如今的高等数学软件能够迅速完成这些任务。教师可以在课堂上现场演示计算过程，无须再耗时在烦琐的板书计算上，从而节省了宝贵的教学时间。这不仅使得教学进程更加流畅，还让学生能够将更多精力集中在理解数学概念和方法的上，而非计算细节。软件的计算准确性高，避免了人为计算带来的错误，进一步提升了教学的准确性和效率。

### 2. 深化学生理解

高等数学软件不仅为教师提供了高效的计算工具，还为学生提供了自主验证计算结果的平台。在传统教学模式中，学生往往只能依赖教师或课本提供的计算结果进行验证；而现在，他们可以利用软件自行计算和验证。这种自主验证的方式，不仅让学生更加主动地参与到学习过程中，还让他们在计算过程中加深了对数学概念和方法的理解。通过反复计算和验证，学生可以更加牢固地掌握数学知识，提高解题能力和数学素养。软件提供的丰富计算功能和可视化工具，使学生能够在计算过程中发现数学的奥秘和美感，进一步激发他们对数学的兴趣和热爱。高等数学软件在提高教学效率的同时，也为学生提供了更加丰富和多样的学习体验。

## （三）培养数学思维和创新能力

### 1. 锻炼逻辑思维与问题解决能力

高等数学软件在培养数学思维方面发挥着重要作用，尤其是通过数学建模这一实践环节。数学建模是将实际问题抽象为数学问题的过程，要求学生运用数学知识对现实问题进行深入分析，进而设计合理的数学模型。在这一过程中，学生需要运用逻辑思维，将复杂问题拆解为可解决的子问题，再逐步构建数学模型。高等数学软件为学生提供了强大的计算工具和可视化功能，帮助他们更好地理解和分析问题，从而设计出有效的数学模型。通过反复实践和不断调整，学生的逻辑思维能力和问题解决能力得到了显著提升。

### 2. 激发创新思维与解题技巧

高等数学软件包含丰富的数学函数和算法库，为学生提供了广阔的探索空间。在学习过程中，学生不仅可以掌握现有的算法和解题方法，还可以在此基础上进行创新，尝试新的解题思路和技巧。软件提供的便捷计算和可视化功能，使学生能够快速验证自己的想法，发现其中的不足并加以改进。这种探索性的学习方式，有助于激发学生的创新思维，培养他们勇于尝试和不断进取的精神。通过对算法的探索和实践，学生的解题技巧得到了显著提高，他们在面对复杂问题时能够更加从容。

### 3. 拓展数学视野与创新能力

高等数学软件不仅应用于数学学科本身，还广泛涉及应用于物理、工程、经济等多个领域。这种跨学科的应用，为学生提供了更加广阔的视野和创新空间。例如，在物理学中，学生可以利用高等数学软件模拟物理现象，探究物理规律；在工程学中，学生可以通过数学建模和算法设计，解决复杂的工程问题。这种跨学科的学习方式，有助于学生将数学知识与其他领域的知识相结合，形成新的创新点。通过解决实际问题，学生能够更加深刻地体会到数学的价值和魅力，从而激发其创新的热情和动力。

### （四）促进跨学科学习

#### 1. 数学工具的多领域应用

高等数学软件在教学中的应用，极大地促进了数学与其他学科的交叉融合。在物理学领域，数学软件被广泛应用于数据分析、模型模拟等方面，如利用数学软件模拟物理现象、求解复杂的物理方程等；在经济学领域，数学软件同样发挥着重要作用，如通过数据分析预测经济趋势、构建经济模型等；在计算机科学领域，数学软件也是不可或缺的工具，它帮助研究人员完成算法设计、性能分析等工作；高等数学软件的多领域应用，使学生能够在学习数学的同时，了解其他学科的知识和方法，从而拓宽他们的学术视野。

#### 2. 跨学科学习的桥梁

高等数学软件不仅为各学科提供了强大的计算工具，更成为跨学科学习的桥梁。通过学习高等数学软件，学生可以掌握通用的数学语言和方法。这使得他们能够在不同学科之间自由穿梭，进行跨学科的学习和研究。例如，一个掌握数学软件的学生，可以轻松地将数学方法应用于解答物理学中的力学问题，或者将数学模型应用于经济学中的市场分析。这种跨学科的学习能力，不仅提高了学生的综合素质，也为他们未来的职业发展提供了更多的可能性。跨学科学习还有助于培养学生的创新思维和解决问题的能力，使他们在面对复杂问题时，能够从多个角度进行思考和分析，从而找到更加全面和有效的解决方案。

### （五）支持个性化学习

#### 1. 功能模块丰富，满足多元需求

高等数学软件通常包含丰富的功能模块（如数值计算、符号计算、数据分析、图形绘制等），这些模块为学生提供了全面的数学学习工具。更为重要的是，高等数学软件往往支持用户自定义设置。学生可以根据自己的学习需求，选择特定的功能模块进行深入学习。基础较为薄弱的学生，可以选择侧

重于基础概念和计算方法的模块，通过反复练习巩固基础知识；学有余力的学生则可以选择更高级的功能模块，挑战更复杂的数学问题。这种多元化的学习选择，使得每个学生都能在高等数学软件中找到适合自己的学习路径，满足自身个性化的学习需求。

### 2. 激发学习潜能

高等数学软件的灵活操作方式，为学生提供了个性化的学习空间。这些软件通常支持多种输入方式，如键盘输入、手写识别等。学生可以根据自己的习惯选择最舒适的操作方式。软件还提供了丰富的参数设置选项。学生可以根据自己的学习进度和能力水平，调整问题的难度和复杂度。这种灵活的操作方式，不仅提高了学生的学习效率，还有助于激发他们的学习潜能。学生在学习中遇到困难时，可以通过调整参数、改变问题设置等方式，逐步找到解决问题的思路和方法。这种个性化的学习过程，不仅增强了学生的自信心，还培养了他们的自主学习能力和解决问题的能力。

## 二、高等数学编程工具在教学中的深度应用

### （一）增强教学直观性与互动性

### 1. 使抽象概念具象化

高等数学编程工具，如 MATLAB、Python（配合 NumPy、SciPy 等数学库）以及 Mathematica，为数学教学带来了革命性的变化。这些工具通过编程，能够将抽象的数学概念以动态、直观的方式呈现出来。例如，在微积分教学中，传统的教学方式往往依赖于静态的图象和公式，难以让学生全面理解函数的变化趋势和极限状态。而编程工具则可以动态演示函数在不同参数下的图象变化，使学生直观地感受到函数的极限、导数和积分等概念。这种动态演示的方式，不仅提高了教学的直观性，还有助于学生形成深刻的数学概念认知。

### 2. 深入理解数学结构

高等数学编程工具的另一个重要应用是数学结构的可视化探索。通过编

程，学生可以创建和操纵复杂的数学对象（如多维数组、矩阵、函数等）并观察它们的性质和行为。例如，在线性代数教学中，学生可以利用编程工具绘制向量的空间表示，观察矩阵的变换效果，从而更深入地理解线性变换和特征值等概念。这种可视化探索的方式，有助于学生形成对数学结构的直观认识，加深其对数学原理的理解。通过编程实现可视化的过程，也培养了学生的计算思维和问题解决能力。

### 3. 提升参与感和实践能力

高等数学编程工具还提供了丰富的交互功能，使学生能够积极参与到数学模型的构建和求解过程中。通过编程，学生可以自定义函数、设置参数，并实时观察模型的变化和结果。这种交互式的学习方式，不仅增强了学生的参与感，还提高了他们的实践能力。例如，在概率论与数理统计教学中，学生可以利用编程工具进行模拟实验，生成随机数、绘制概率分布图等，从而更直观地理解概率和统计的概念。编程工具还支持学生自主探索和创新，鼓励他们尝试不同的模型和算法，培养创新思维和解决问题的能力。

## （二）提高计算效率与精度

### 1. 高效求解复杂问题

在高等数学的学习和研究中，复杂问题的求解往往是一个挑战。传统的手工计算或查表方法，不仅耗时耗力，还可能因为计算精度的问题而导致结果出现偏差。然而，随着编程工具的不断发展，如 MATLAB、Python（特别是其强大的 NumPy、SciPy 等数学库）以及 Mathematica 等，使高等数学中的复杂问题求解实现了新的突破。这些编程工具备卓越的数值计算能力，能够迅速解决高等数学中的各类复杂问题。例如，面对高次方程的求解，编程工具能够轻松应对，迅速给出精确解或数值解，避免了烦琐的手工计算过程。在矩阵运算方面，编程工具更是展现出了强大的处理能力。无论是大规模矩阵的加减乘除，还是求逆、特征值计算等复杂操作，编程工具都能高效处理，极大地提高了计算效率。这种高效求解的能力，不仅为高等数学教师提供了有力的教学辅助工具，还为学生提供了更加便捷的学习方式。教师和学生可以更加专注于数学问题的本质，深入探索数学原理，而不必被烦琐的计算过程困扰。编程工具的广泛应用，还促进了高等数学与其他学科的交叉融合，为科学研究和工程实践提供了更加坚实的数学基础。

### 2. 精确计算，避免误差

在高等数学领域，计算精度的重要性不言而喻，它直接关系到结果的准确性和可靠性。传统的手工计算方式由于人的精力和计算工具的局限性，往往难以避免误差和计算错误的出现。这些误差不仅可能影响数学结果的精确性，还可能误导后续的分析和决策。然而，编程工具的兴起为高等数学的计算带来了革命性的改变。在求解定积分、级数求和等复杂数值运算时，编程工具能够采用高精度的算法，确保计算结果的准确性。例如，自适应的数值积分方法能够根据被积函数的性质自动调整积分步长，在保证计算精度的同时，也提高了计算效率。这种智能化的算法选择使得编程工具在计算复杂数学问题时，展现出超越传统方法的优势。编程工具的精确计算能力不仅提升了数学结果的准确性和可靠性，更在潜移默化中培养了学生的严谨态度和科学精神。在使用编程工具进行数学计算的过程中，学生需要仔细分析问题、选择合适的算法和参数。这一过程锻炼了学生的逻辑思维和问题解决能力，编程工具对计算精度的追求，促使学生更加注重细节、追求精确。这种态度和精神将伴随他们走向更加广阔的学术天地和职业发展道路。

### 3. 提升教学效率与学生成绩

教师从烦琐的手工计算中解脱，大幅缩短了备课时间，减轻了教学负担。这使得他们能够将更多精力投入学生的个人发展上。在课堂上，编程工具成为教师的得力助手，能够直观地展示数学问题的求解过程，使抽象的数学概念和方法变得具体可感，极大地激发了学生的学习兴趣，提高了学生的参与度。对于学生而言，编程工具不仅是一个高效的计算工具，更是他们理解数学知识的得力帮手。通过亲手编写程序，学生能够更深入地理解数学原理，掌握解题技巧，提升数学素养。在编程实践中，学生不断尝试与探索，不仅巩固了所学知识，还激发了创新思维，培养了问题解决能力。学生面对复杂的数学问题时，能够更加游刃有余、信心满满地迎接挑战。高等数学编程工具在教学中的深度应用，不仅提升了教学效率，还显著提高了学生的成绩。这种教学模式的转变，让学生在学习数学的过程中更加主动、积极，也让他们在未来的学术和职业生涯中更具竞争力。高等数学编程工具无疑是提升教学效率与学生成绩的重要途径，为高等教育的数学教学注入了新的活力。

## （三）培养逻辑思维与问题解决能力

### 1. 逻辑思维的训练场

在高等数学教学的广阔天地里，编程工具正悄然成为一个独特的逻辑思维训练场。它不仅是一种高效的计算辅助手段，更是一座桥梁，连接着抽象的数学世界与具体的编程实践。编程的内在要求——严谨的逻辑结构和清晰的思考路径，与高等数学对逻辑思维的重视不谋而合，相得益彰。学生投身编程实践，需将复杂的数学问题逐步拆解，转化为计算机能够理解的算法和程序。这一过程，既是对数学原理的深刻理解，也是对逻辑思维能力的极致挑战。从抽象概念到具体实现，每一步都需要学生细致分析、严密推理，设计出既符合数学逻辑又能高效执行的算法步骤。如此，学生的逻辑思维能力在编程实践中得到了有效锻炼，使他们在面对复杂的数学问题时，能够迅速抽丝剥茧，找到问题的症结所在，进而制定出精准的解决方案。

### 2. 锻炼问题解决能力

高等数学编程工具在教学中的深入应用，为学生搭建了一个锻炼问题解决能力的绝佳平台。在这里，学生不再仅仅满足于理解和掌握数学原理，而是要将这些原理应用于实际问题的求解中。通过编程实践，学生学会了将现实世界中的复杂问题抽象为数学问题，进而利用编程工具进行建模和求解。这一过程中，学生需要综合运用所学的数学知识，分析问题的本质，选择合适的数学模型和算法；他们还要不断评估和优化解决方案，以确保方案的有效性和准确性。这样的实践经历，不仅提升了学生的问题解决能力，更培养了他们的创新思维和综合素质。在未来的学习和工作中，这种能力将使他们更加自信地面对各种挑战，成为具备实战能力的数学人才。

### 3. 培养耐心与细致的态度

在高等数学编程的复杂过程中，错误和性能挑战"如影随形"，这自然而然地锻炼了学生的耐心与细致的态度。编程不仅要求学生编写出符合逻辑的代码，更需要其在调试和优化阶段付出极大的耐心。面对程序中的错误，学生必须静下心来，逐行检查代码，寻找问题所在。这种过程教会了学生细致入微地分析问题，不放过任何一个可能导致错误的细节。在优化程序性能时，学生需要反复测试和调整，以确保程序的运行效率和准确性。这种对细节的关注和耐心的调整，不仅提升了学生的编程技巧，更培养了他们面对困难时的冷静态度和坚韧品质。通过这样的训练，学生在未来的学习和工作中，无论遇到何种挑战，都能保持自信和从容，用耐心和细致的态度去解决问题，不断追求卓越。

## 第三节　虚拟现实与增强现实技术在数学教学中的创新实践

### 一、虚拟现实技术的创新实践

#### （一）三维数学可视化

##### 1. 重塑数学认知

虚拟现实技术以独特的沉浸式体验，为高等数学中的三维数学可视化带来了前所未有的创新。在这一技术的辅助下，学生不再局限于二维平面上的数学图像，而是能够"身临其境"地进入三维数学世界。他们可以在虚拟空间中自由旋转、缩放和移动各种数学对象，如几何形状、函数图象等，从多个角度全面观察和分析这些数学对象的结构和性质。

例如，在立体几何教学中，虚拟现实技术使学生能够"走进"几何体内部，直观感受其内部结构和空间关系。这种三维数学可视化的学习方式，不仅加深了学生对几何体性质的理解，还激发了他们的空间想象力。相较于传统教学模式，虚拟现实技术所提供的沉浸式体验无疑更加生动、直观，有助于学生更好地理解和掌握数学知识。

### 2. 提升数学实践能力

虚拟现实技术不仅为学生提供了三维数学可视化的学习环境，还打造了一个高度交互的数学实践平台。在这个平台上，学生可以通过手势、语音或控制器与虚拟数学对象进行实时互动，从而更深入地探索数学概念和应用。

这种交互式学习方式，使学生能够在实践中不断尝试、验证和修正自己的想法，从而加深对数学原理的理解。例如，在微积分教学中，学生可以通过虚拟现实技术模拟函数的导数计算过程，通过实时调整函数参数，观察导数曲线的变化，从而更直观地理解导数的几何意义和物理背景。

### 3. 满足差异化教学需求

高等数学教学往往面临学生基础和能力差异的挑战。而虚拟现实技术通过强大的数据分析和个性化推荐功能，为每个学生量身定制了个性化的学习路径。系统可以根据学生的学习进度、知识点掌握情况和学习偏好，智能推荐适合他们的学习内容和练习题目。这种个性化学习方式，不仅满足了学生的差异化教学需求，还提高了学习的针对性和效率。虚拟现实技术能够实时跟踪学生的学习情况，为教师提供准确的教学反馈，帮助他们及时调整教学策略，以确保每个学生都能获得最佳的学习效果。

## （二）交互式学习环境

### 1. 激发学习兴趣与动力

虚拟现实技术所构建的交互式学习环境，以其高度的沉浸感和互动性，为学生带来了全新的学习体验。在这个环境中，学生不再是被动接受知识的"容器"，而是成为积极的参与者。他们通过手势、语音甚至身体动作，与虚拟数学对象进行直接而深入的互动。这种前所未有的参与方式，极大地激发了学生的学习兴趣和动力。以解析几何课程为例，学生可以在虚拟现实环境中直接用手势调整虚拟的三维坐标系。随着手指的轻轻滑动，曲线和曲面在眼前发生着奇妙的变化，这种直观的互动方式使学生仿佛置身数学的魔法世界。他们不再通过枯燥的公式和抽象的概念来学习解析几何，而是在亲自动手操作的过程中，深刻理解这些复杂概念背后的数学原理。这种沉浸式的互动体验，不仅让学生感受到了数学的魅力，发现其中的趣味，更让他们在学习过程中保持了高度的专注和投入。在这种状态下，学生能够更有效地吸收和掌握知识，为未来的数学学习和应用奠定坚实的基础。

### 2. 实践操作与问题解决

虚拟现实技术的交互式学习环境，不仅提供了沉浸式学习体验，还为学生提供了丰富的实践操作机会。在这个虚拟的数学世界中，学生可以自由地进行各种数学实验和探究，通过实践来验证和深化对数学概念的理解。例如，在微积分的教学中，学生可以利用虚拟现实技术模拟函数的极限、导数、积分等计算过程。他们可以通过调整参数，观察函数图象的变化，从而更直观地理解数学概念的本质和相互之间的关系。这种实践性的学习方式，不仅提高了学生的数学实践能力，还培养了他们的逻辑思维、问题解决和创新能力。虚拟现实技术的交互式学习环境还鼓励学生进行合作学习。学生可以在虚拟空间中组建小组，共同解决数学问题，分享学习经验和策略。这种合作学习的方式，不仅促进了学生之间的交流与合作，还培养了他们的团队协作和沟通能力。虚拟现实技术所提供的交互式学习环境，通过沉浸式互动和实践操作与问题解决，极大地提升了高等数学的教学效果和学生的学习体验。这种创新的教学方式，不仅激发了学生的学习兴趣和动力，还培养了他们的实践能力和问题解决能力，为未来的数学学习和工作奠定了坚实的基础。

## （三）个性化学习体验

### 1. 定制化学习路径

在高等数学的学习过程中，每个学生都面临着不同的挑战和学习难点。

虚拟现实技术通过强大的数据分析能力，能够为每位学生定制个性化的学习路径。系统能够实时跟踪学生的解题过程，准确识别出他们在数学知识掌握上的薄弱环节，并据此提供针对性的练习和辅导。这种定制化的学习路径，不仅避免了传统教学中"一刀切"的弊端，还能够确保学生在自己最需要帮助的时候获得精准的辅导。例如，对于在微积分中遇到困难的学生，系统可以自动为他们推荐相关的讲解视频、实例演示和专项练习题，帮助他们逐步攻克学习难点。这种精准对接个人需求的学习方式，大大提高了学生的学习效率，使他们在有限的时间内获得更好的学习效果。

### 2. 动态优化学习过程

虚拟现实技术的一个显著优势在于其能够提供实时的学习反馈。在传统教学模式中，学生往往在完成作业或考试后才能获得教师的反馈，这在一定程度上延迟了学习效果的评估和调整。然而，在虚拟现实技术的支持下，系统可以在学生解题的过程中实时分析他们的答题情况，及时给出反馈和建议。这种实时反馈机制，使学生能够实时了解自己的学习状况，及时调整学习策略，系统还可以根据学生的反馈和表现，动态调整学习内容的难度和进度，确保学生能够保持最佳的学习状态。这种动态优化的学习过程，不仅提高了学生的学习效率，还增强了他们的学习自信心和成就感。

### 3. 拓宽数学学习视野

除了定制化学习路径和实时反馈与调整外，虚拟现实技术还能够为学生提供智能的学习资源推荐和拓展。系统可以根据学生的学习兴趣和需求，自动推荐相关的数学学习资源，如教学视频、学术论文、在线课程等。这些资源不仅涵盖了高等数学的基础知识，还涉及数学的前沿领域和应用实践。通过智能推荐和拓展，学生可以更加全面地了解数学的发展历程和最新动态，拓宽自己的数学学习视野。这些丰富的学习资源为学生提供了更多的学习选择和机会，使他们能够根据自己的兴趣和需求进行深入的探究和学习。这种个性化的学习体验，不仅有助于提高学生的数学素养和综合能力，还为他们未来的学术研究和职业发展奠定了坚实的基础。

## 二、增强现实技术的创新实践

### （一）实时互动学习

#### 1. 技术特点

增强现实技术作为一种前沿的教育科技手段，正逐步改变着高等数学的教学模式。它通过计算机、传感器等先进设备，巧妙地将虚拟图像、声音、视频等数字元素与现实世界进行无缝叠加，从而创造出一种既真实又富有想象力的交互体验。这一技术的核心特点在于虚实结合的能力，它打破了虚拟与现实的界限，让学生在现实环境中就能与虚拟的数学对象进行直接互动。实时交互是增强现实技术的又一显著优势。无论是调整参数、观察变化，还是进行问题求解，学生都能立即看到反馈。这种即时的互动体验极大地提升了学习效率。三维注册技术确保了虚拟元素与现实世界的精确对齐，使学生在学习过程中能够保持空间感知和认知的高度一致性。这些技术特点共同构成了一个动态、直观且富有吸引力的学习环境，为高等数学教学注入了新的活力。

#### 2. 教学应用

在高等数学教学的广阔舞台上，增强现实技术正以其独特的魅力，重新定义着学习的边界。通过这一技术，虚拟的数学元素，如精致的几何图形、动态的函数图象，被巧妙地叠加到了现实世界之中。学生不再局限于书本或屏幕的二维限制，而是能在现实环境中，与这些虚拟元素展开生动、直观的互动学习。想象一下，在解析几何的课堂上，学生手持智能设备，就能在现实空间中观察到三维几何图形的立体构造，轻轻旋转、缩放，甚至"走进"图形内部，探索其内部结构。在函数的学习中，学生可以亲眼见证函数图象随着参数变化而"舞动"的轨迹。这种直观的感受，无疑比传统的静态图像更能激发学生对数学的学习兴趣。AR技术的应用，不仅使得抽象的数学概念变得具体可感，还为学生提供了一个充满乐趣与探索精神的学习环境。在这样的环境中，学生能够主动构建知识，深化理解，从而在高等数学的"征途"中，迈出更加坚实的步伐。

## （二）丰富学习资源

### 1. 资源获取

在增强现实技术的助力下，高等数学的学习资源得到了前所未有的丰富与拓展。学生不再受限于传统的纸质教材或单一的电子资源，而是能够通过AR设备，轻松跨越时空的界限，随时随地获取多样化的数学学习资源。无论是深入浅出的教学视频，还是精心设计的习题库，抑或是模拟真实情景的虚拟实验室，都以一种全新的方式呈现在学生眼前。它们不仅涵盖了高等数学的各个知识点，还能根据学生的学习进度和兴趣，进行个性化的推荐与呈现。在这样的学习环境中，学生能够根据自己的需求，灵活选择学习资源，从而更加高效地掌握数学知识，提升解题能力。AR技术使得这些学习资源的互动性和趣味性得到了显著提升。学生不再是被动接受知识，而是通过与虚拟元素的互动，主动探索数学世界的奥秘。这种学习方式的转变无疑为高等数学教学注入了新的活力。

### 2. 学习体验

在增强现实技术的加持下，丰富的学习资源不仅为学生巩固课堂知识提供了有力支持，更为他们打开了一扇通往广阔数学世界的窗。这些资源如同璀璨星辰，点缀在数学的夜空中，引领着学生不断探索、不断发现。学生可以根据自己的兴趣和需求，自由选择学习资源和学习方式。他们可以在虚拟实验室中亲手操作，感受数学原理的奇妙；可以观看教学视频，聆听专家学者的精彩讲解，深化对数学概念的理解；还可以挑战习题库中的难题，锻炼自己的解题思维和技巧。这种自主选择的学习方式不仅满足了学生的个性化需求，更激发了他们的学习热情和探索欲望。在轻松愉快的氛围中，学生的数学视野得到了拓展，思维能力得到了提升，这为未来的学术研究和职业发展奠定了坚实的基础。

## （三）促进自主学习和合作学习

### 1. 学习方式

增强现实技术以其独特的交互性和沉浸感，正在悄然改变着高等数学的学习方式。在这一技术的引领下，自主学习与合作学习并肩齐驱，共同营造了一个多元化、高效能的学习环境。学生手持 AR 设备，仿佛拥有了通往数学世界的钥匙。他们可以独立探索，根据自己的学习节奏和兴趣，深入挖掘每一个数学概念的内涵与外延。在虚拟的空间里，复杂的数学公式和抽象的理论变得直观可感，学生在动手操作中逐渐掌握了知识的精髓。这种自主学习的过程既锻炼了他们的思维能力，又培养了他们的学习自主性。增强现实技术也为合作学习提供了新的可能。学生可以轻松地与他人分享自己的学习资源和经验，通过 AR 平台进行实时的协作学习和讨论。他们可以一起探索数学问题的多种解法，共同构建知识框架，甚至在虚拟环境中进行角色扮演，模拟数学家的思考过程。这种合作学习的方式不仅促进了学生之间的交流与合作，还让他们学会了从不同的角度审视问题，在团队中发挥各自的优势，共同解决难题。

在增强现实技术的推动下，自主学习与合作学习相互融合，共同推动着高等数学教育向更高层次迈进。

## 2. 实时问题解决

增强现实技术以其独特的叠加能力，将数学问题巧妙地融入真实世界，为学生提供了一个解决实际问题的全新平台。在这里，数学不再是抽象的概念和公式，而是与日常生活紧密相连的实用工具。学生通过 AR 设备，可以在现实世界中直接测量几何图形的尺寸。无论长度、宽度还是高度，都能得到精确的数据。这些数据立即被转化为虚拟的图像和信息，帮助学生更加直观地理解几何图形的性质。进一步地，学生可以利用这些数据计算面积和体积，将抽象的数学概念与具体的物理空间相结合，使得解题过程变得生动有趣。这种实时解决问题的方式不仅锻炼了学生的空间想象能力和数学运算能力，还让他们学会了在实际情境中应用数学知识。例如，在建筑设计或工程实践过程中，学生可以利用 AR 技术预览和调整设计方案，确保建筑的几何尺寸和比例符合实际需求。这样的学习过程不仅加深了学生对数学知识的理解，还提高了他们解决实际问题的能力，为未来的职业发展奠定了坚实的基础。

# 第四节 技术融合下的混合式教学模式构建

## 一、高等数学混合式教学模式构建的关键要素

### (一) 明确教学目标

#### 1. 确立多维度教学目标

高等数学混合式教学模式的首要任务是确立清晰、多维的教学目标。这些目标不仅涉及数学知识的掌握，更涵盖了能力培养和情感态度等多个层面。在知识掌握方面，教学目标应明确学生需要掌握的高等数学基本概念、理论和方法，确保他们建立扎实的数学基础。在能力培养方面，教学目标应注重提升学生的数学思维能力、问题解决能力和创新能力，使他们能够灵活运用数学知识解决实际问题。教学目标还应关注学生的情感态度，激发他们对数学的兴趣和热情，培养严谨的数学态度和持续学习的习惯。这些目标的设定需紧密结合学生的专业需求和个人发展，以确保教学内容与实际应用的紧密衔接。

#### 2. 融合线上线下教学优势

高等数学混合式教学模式的关键在于融合线上线下教学的优势，实现二者的有机互补。线上教学可以提供丰富的教学资源和灵活的学习时间，使学生能够自主选择学习内容，随时随地进行学习。通过在线视频、电子教材等多媒体资源，学生可以直观地理解数学概念，加深对知识的理解和掌握。而线下教学则注重师生面对面的互动和交流，通过课堂讲解、讨论和实践活动，教师可以及时了解学生的学习情况，给予其个性化的指导和帮助。线下教学还能培养学生的团队协作能力和沟通能力，促进他们全面发展。混合式教学模式通过线上线下相结合的方式，既发挥了线上教学的便捷性和灵活性优势，又保留了线下教学的人文关怀和深度互动。

### 3. 强化教学评估

在高等数学混合式教学模式中，教学评估与反馈机制是确保教学质量和效果的重要环节。通过定期的测试和课下作业，教师可以对学生的学习情况进行全面、客观的了解，及时发现他们在学习过程中的问题和不足。教师还应注重收集学生的反馈意见，了解他们对教学模式、教学内容和教学方法的看法和建议。这些反馈信息有助于教师及时调整教学策略，优化教学内容和方法，以更好地满足学生的学习需求。教学评估还应关注学生的个人发展，评估他们的数学思维能力、问题解决能力和创新能力等的提升情况。通过强化教学评估与反馈机制，高等数学混合式教学模式得以持续改进和优化，为学生提供更加高效、个性化的学习体验。

## （二）整合教学资源

### 1. 构建线上教学资源库

在高等数学混合式教学模式中，整合线上教学资源是至关重要的一环。通过收集和整理电子教材、教学视频、在线题库等多样化的数字资源，可以构建一个内容丰富、形式多样的线上教学资源库。电子教材方便学生随时查阅和复习。教学视频则以直观、生动的方式展示数学概念和解题过程，有助于学生更好地理解和掌握知识点。在线题库则为学生提供了大量练习题，帮助他们巩固所学内容，提高解题能力。这些线上教学资源不仅丰富了学生的学习体验，还为他们提供了自主学习的平台，促进了个性化学习的发展。

### 2. 融合线下教学资源

除了线上教学资源外，线下教学资源在高等数学混合式教学模式中也发挥着不可替代的作用。教学课件、实体教材、教具等线下资源能够为学生提供更加直观、具体的学习材料，有助于他们在课堂上更好地理解和掌握知识。线下教学资源的运用还可以促进师生之间的互动和交流，增强课堂的互动性和参与感。教师可以通过讲解、演示和辅导等方式，引导学生深入探究数学问题，培养他们的数学思维能力和解决问题的能力。通过融合线上和线下教学资源，高等数学混合式教学模式能够充分发挥各自的优势，为学生提供更加全面、深入的学习体验，从而提升教学效果和学习质量。

## （三）设计教学流程

### 1. 优化课前预习与自主学习

在高等数学混合式教学模式中，教学流程的设计至关重要。课前预习是学生学习新知识的重要环节。教师通过线上平台发布预习任务和学习资料，可以有效引导学生进行自主学习。教师可以提前上传电子教材、教学视频和预习指南，让学生明确预习的目标和重点。学生利用这些资源进行预习，不仅可以对即将学习的内容有一个初步的了解，还能发现自己的疑点和知识的难点，为课堂学习做好准备。这种预习方式不仅提高了学生的学习主动性，还有助于他们在课堂上更加专注地听讲，加深对知识的理解。

### 2. 强化课堂学习与课后复习

课堂学习是高等数学混合式教学模式的核心环节。在课堂上，教师应根据学生的预习情况和教学要求，进行重点讲解和互动交流。生动的例子、直观的演示和深入的剖析，能帮助学生理解和掌握数学概念、公式和解题方法。教师还可以组织学生进行小组讨论和合作学习，培养他们的团队协作能力和沟通能力。课后复习则是巩固所学知识、提升学习效果的关键步骤。教师可以通过在线测试、提交作业等方式，检查学生的学习情况，及时发现和纠正他们在理解和应用上的问题。教师还可以提供课后辅导和答疑服务，帮助学生解决学习中的困惑和难题。通过强化课堂学习与课后复习，高等数学混合式教学模式能够确保学生在掌握数学知识时，提升他们的数学素养和综合能力。

## （四）采用多样化教学方法

### 1. 融入案例教学

在高等数学混合式教学模式中，案例教学是一种有效的教学方法。案例教学通过引入实际问题和具体场景，将抽象的数学概念与实际应用相结合，使学生在解决问题的过程中理解和掌握数学知识。教师可以选取与课程内容紧密相关的案例，引导学生进行分析和讨论，让他们在实践中感受数学的魅力和价值。案例教学不仅能够激发学生的学习兴趣，还能培养他们的问题解决能力和创新思维。通过对案例的探讨，学生可以更加深入地理解数学原理，学会运用数学知识解决实际问题，从而增强他们的实践应用能力。

### 2. 推行项目式学习与分组讨论

项目式学习鼓励学生围绕一个具体的数学项目或课题进行深入研究和探索，通过自主学习和合作实践，提升他们的数学素养和综合能力。在项目式学习中，学生可以自主选择研究主题，设计研究方案，收集和分析数据，最终呈现研究成果。这种学习方式不仅能够锻炼学生的自主学习能力和研究能力，还能培养他们的团队协作精神和创新意识。而分组讨论则是将学生分成小组，让其针对某个数学问题或话题进行讨论和交流，促进彼此之间的思想碰撞和知识共享。分组讨论可以激发学生的学习兴趣，拓宽他们的思维视野，也有助于培养他们的沟通能力和团队协作精神。通过推行项目式学习与分组讨论，高等数学混合式教学模式能够为学生提供更加多元、开放的学习环境，促进他们的全面发展和个性化成长。

## 二、高等数学混合式教学模式构建的实施策略

### （一）加强教师培训

#### 1. 提升数字化教学能力

在高等数学混合式教学模式的构建过程中，加强教师培训是至关重要的一环。教师需要掌握混合式教学模式的核心理念和操作方法，特别是设计线上课程以及运用信息技术辅助教学。通过专业的培训，教师可以学会制作高质量的在线教学资源，如教学视频、电子课件等，以提升线上教学效果；他们还能学习利用信息技术工具进行课堂教学管理，如在线测试、作业提交和反馈等，以实现更加高效、便捷的师生互动。培训还涵盖如何评估学生的学习成果、如何根据学生的需求和学习情况调整教学策略等内容。通过强化教师培训，可以提升他们的数字化教学能力和素养，为高等数学混合式教学模

式的成功实施提供有力的保障。

### 2. 优化混合式教学模式

除了加强教师培训，推动教师实践也是高等数学混合式教学模式构建的重要策略。教师应将所学知识和技能应用于实际教学中，不断探索和优化混合式教学模式。在实践中，教师可以尝试不同的教学方法和策略，如案例教学、项目式学习、分组讨论等，以激发学生的学习兴趣和培养其自主学习能力。教师应关注学生的学习反馈，及时调整教学策略，以满足不同学生的学习需求。教师还可以与其他教师进行教学经验分享和交流，共同探讨混合式教学模式的最佳实践。通过推动教师实践，教师可以不断优化高等数学混合式教学模式，提升教学效果和学习体验，为学生的全面发展奠定坚实的基础。

## （二）完善教学设施

### 1. 保障线上教学稳定

在高等数学混合式教学模式中，线上教学的顺利进行离不开稳定高速的网络支持，完善教学设施的首要任务就是升级网络技术。学校应投入足够的资源，提升校园网络的带宽和稳定性，确保学生在进行线上学习时能够流畅地观看教学视频、参与在线讨论和提交作业。为了应对可能出现的网络故障或拥堵情况，学校还应建立备用网络方案，以确保线上教学的连续性和稳定性。学校还应加强对网络安全的管理，保护学生的个人信息和学习数据不被泄露或攻击。通过升级网络技术，高等数学混合式教学模式能够为学生提供更加稳定、安全的线上学习环境。

### 2. 丰富线上教学形式

除了稳定的网络技术，多媒体设备也是高等数学混合式教学模式中不可或缺的教学设施。学校应在教室和实验室等教学场所配备高质量的多媒体设备，如投影仪、音响系统、交互式白板等。这些设备不仅能够提升课堂教学的效果，还能为线上教学提供丰富多样的形式。教师可以通过多媒体设备展示教学课件、演示数学实验和进行远程互动，使学生能够更加直观地理解和掌握数学知识。多媒体设备还能支持学生进行小组讨论和合作学习，促进学生之间的交流和协作。通过配备多媒体设备，高等数学混合式教学模式能够为学生提供更加生动、有趣的线上学习体验，激发他们的学习兴趣和动力。

## （三）持续优化教学模式

### 1. 提升学习效率

在高等数学混合式教学模式的实施过程中，教学流程的合理性直接影响着学生的学习效果。教师应根据教学实践和学生的反馈，动态调整教学流程。这包括优化课前预习、课堂学习和课后复习等各个环节的安排。在课前预习阶段，教师可以根据学生的学习进度和理解能力，灵活调整预习任务的难度和量，以确保学生做好充分准备；在课堂学习阶段，教师应关注学生的参与度和理解情况，及时调整讲解的深度和广度，以满足不同学生的学习需求；在课后复习阶段，教师可以通过在线测试、提交作业和问题答疑等方式，帮助学生巩固所学知识，解决学习中的疑惑。通过动态调整教学流程，高等数学混合式教学模式能够更加贴合学生的学习节奏，提升他们的学习效率。

### 2. 拓宽学习视野

高等数学混合式教学模式的优势之一在于丰富多样的教学资源。为了持续提升教学效果，教师应不断丰富教学资源，包括电子教材、教学视频、在线题库、案例研究等。这些资源不仅应涵盖数学的基本概念和理论，还应涉及数学在实际应用中的案例和前沿研究。通过引入多样化的教学资源，教师可以为学生提供更加全面、深入的数学学习体验。这些资源还能激发学生的学习兴趣，拓宽他们的学习视野。教师应定期更新和补充教学资源，以确保其时效性和针对性，满足学生不断变化的学习需求。

### 3. 持续改进教学方法

教学方法是高等数学混合式教学模式的核心要素之一。为了提升教学效果，教师应持续改进教学方法，包括案例教学、项目式学习、分组讨论等。案例教学能够帮助学生将抽象的数学概念与实际应用相结合，以提升他们的问题解决能力。项目式学习则鼓励学生进行自主学习和合作实践，培养他们的创新思维和团队协作能力。分组讨论则能促进学生之间的交流和互动，拓宽他们的思维视野。教师应根据学生的特点和学习需求，灵活选择和运用不同的教学方法，还应关注教学方法的反馈和效果，及时调整和改进，激发学生的学习潜能，提升他们的数学素养和综合能力。通过持续改进教学方法，高等数学混合式教学模式能够更加有效地满足学生的学习需求，促进他们全面发展。

# 第五章　探究式与发现式学习在高等数学中的实践

## 第一节　探究式学习的理论基础与实施策略

### 一、高等数学探究式学习的理论基础

#### （一）建构主义学习理论

**1. 建构主义学习理论的核心观点**

建构主义学习理论强调学习是一个主动的意义建构过程，这一观点打破了传统教学中将学生视为知识被动接受者的模式。在建构主义看来，学生是知识建构的主体，他们通过自身的认知活动和经验积累，主动构建并不断完善自己的知识体系。建构主义学习理论提倡学生在学习过程中充分发挥主观能动性。这意味着学生不再是被动地接受教师传授的知识，而是通过主动发现、积极探索来构建自己的知识体系。这种学习方式鼓励学生主动思考、提出问题、寻找答案，并通过实践来验证自己的理解。建构主义学习理论还强调学习过程中的情境性和社会性。它认为，学习应该与真实情境相结合，通过解决实际问题来促进知识的建构；学习也是一个社会互动的过程，学生应该与他人合作、交流、分享，共同构建知识体系。在探究式学习中，建构主

义学习理论为其提供了坚实的理论基础。探究式学习鼓励学生通过自主探究、合作交流等方式来发现问题、解决问题，从而构建自己的知识体系。这种学习方式不仅有助于培养学生的创新思维和问题解决能力，还能激发他们的学习兴趣和动力，使他们在学习过程中更加主动、积极。

### 2. 对探究式学习的指导意义

建构主义学习理论为探究式学习提供了坚实的理论基础，其核心理念与探究式学习的目标高度契合。在建构主义学习理论的指导下，探究式学习不再是一种被动的学习过程，而是学生主动探索、发现、解决问题的过程。建构主义学习理论强调学生在学习中的主体地位，鼓励学生通过自主探究来构建知识体系。在探究式学习中，学生不再是简单地接受知识，而是要通过观察、实验、推理等一系列活动，主动发现知识的内在规律和联系。这种学习方式能够激发学生的好奇心和求知欲，培养他们的创新思维。建构主义学习理论注重学习过程中的体验、感悟和反思。在探究式学习中，学生需要不断进行尝试、实践，从失败中吸取教训，从成功中总结经验。这种反思性的学习过程有助于学生深化对知识的理解，提高他们的问题解决能力。建构主义学习理论还强调学习的情境性和社会性。在探究式学习中，学生需要在真实的情境中发现问题、解决问题，这有助于他们将所学知识应用于实际生活中。学生之间的合作与交流也是探究式学习的重要组成部分，有助于学生从不同的角度理解问题，拓宽解题思路。建构主义学习理论为探究式学习提供了坚实的理论基础，并为其在实践中的有效实施提供了重要的指导。

## （二）科学哲学理论

### 1. 科学哲学理论的核心观点

科学哲学理论为我们提供了一种全新的视角来审视科学，主张以辩证的、变化的、发展的眼光来认识科学。这一理论强调，科学知识并非一成不变的，而是随着人类对自然和社会现象的不断探索而逐步深化和拓展的。它认为，科学知识具有阶段性，每一个阶段都是对前人知识的继承和发展，也是对未知领域的探索和突破。在科学哲学理论的指导下，我们认识到科学知识是发展变化的。科学的发展是一个不断积累、不断修正、不断完善的过程。科学家们通过实验、观察、推理等方法，不断揭示自然和社会的奥秘，推动科学知识的更新。科学哲学也提醒我们，科学知识的发展并非一帆风顺的，需要经历曲折和挫折，需要科学家们具备坚韧不拔的毅力和勇于探索的精神。科学哲学理论还强调科学知识的完善性。在科学知识的更新过程中，我们需要不断地对已有知识进行反思和审视，发现其中的不足和错误，并及时进行修正和完善。科学知识的完善性不仅体现在科学知识的内容上，还体现在科学方法的不断改进和科学思维的不断提升上。科学哲学理论的核心观点为我们提供了一种全面的、动态的科学观，有助于我们更好地理解科学的本质和规律，为探究式学习提供了重要的理论支撑。

**2. 科学哲学理论学习的指导**

在科学哲学理论的指导下，探究式学习被赋予了更深层次的内涵和意义。它不仅是一种学习方法，更是一种科学精神和思维方式的培养过程。科学哲学理论强调尊重现有知识结构的科学性，这要求学生在学习探究式课程时，要对已有的科学知识有一个清晰的认识和理解。这种尊重并不意味着盲目接受或停滞不前。相反地，它鼓励学生认识到科学知识的发展性，明白科学知识是不断修正、不断完善的。在此基础上，探究式学习提倡学生在学习过程中大胆质疑、坚持探索、不断创新。它鼓励学生不要满足于现状，要勇于挑战权威，敢于提出自己的见解和观点。这种质疑和探索的精神，不仅有助于学生深入理解科学知识，更能培养他们的科学精神和批判性思维。通过探究式学习，学生可以学会以科学的态度和方法去探究问题，以批判性思维去审视和评价现有的知识。这种学习方式不仅有助于提高学生的科学素养，更能为他们的未来发展奠定坚实的基础。在科学哲学理论的指导下，探究式学习不仅是一种有效的学习方法，更是一种培养学生的科学精神和批判性思维的重要途径。它有助于学生形成正确的科学观，为他们的全面发展提供有力的支持。

### （三）主体性教育理论

#### 1. 主体性教育的核心观点

主体性教育理论是现代教育思想的重要组成部分，其核心观点在于强调教育的目的是增强、发展和体现学生的主体性。这一理论认为，学生不仅是知识的接受者，更是知识的创造者和应用者。教育的过程应该是学生主体性不断彰显和提升的过程。为了实现这一目标，主体性教育理论主张采用恰当的教育方法和手段。这些方法和手段应该以学生为中心，尊重学生的个性和需求，激发学生的学习兴趣和动力。教师通过引导学生自主探究、合作交流，让他们在实践中积累经验、增长智慧，从而逐步将人类长期积累的科学知识、活动经验和优秀文化转化为自身的主体性素养。主体性教育理论还强调，教育不仅是传授知识，更重要的是培养学生的能力。这种能力包括认知能力、创新能力、实践能力等，是学生主体性素养的重要组成部分。通过教育，学生应该学会独立思考、解决问题、与他人合作，从而成为具有独立思考能力和创新精神的人才。主体性教育理论的核心观点为现代教育提供了重要的指导方向。它要求教师在教学过程中注重学生的主体性发展，通过多样化的教学方法和手段，培养学生的综合素质和能力，为他们的未来发展奠定坚实的基础。

#### 2. 探究式主体性教育的指导

在主体性教育理论的指导下，探究式学习成为一种重要的教育方式，注重发挥学生的主体作用，鼓励学生积极参与学习过程。这种学习方式不仅强调学生的自主探究，还倡导他们通过合作交流来提升自己的知识水平和能力素质。探究式学习鼓励学生主动发现问题、分析问题、解决问题，从而培养他们的独立思考能力和创新精神。他们通过实际操作、实验验证等方式，深入理解并掌握知识，进而提升自己的实践能力。主体性教育理论强调教师要关注学生的个体差异和内在需求。每个学生都有自己的学习方式和节奏。教师应该尊重这些差异，为每个学生提供个性化的学习支持和指导。在探究式学习中，教师可以通过观察学生的表现，了解他们的学习需求和困难，然后有针对性地提供帮助和指导。探究式学习还强调师生之间的平等互动和合作。教师应该成为学生学习的引导者和伙伴，与学生一起探索问题、寻找答案。这种合作的学习方式有助于建立良好的师生关系，营造积极的学习氛围，从而进一步提高学生的学习效果。综上所述，主体性教育理论对探究式主体性教育具有重要的指导意义。

## 二、高等数学探究式学习的实施策略

### （一）设置有效问题

#### 1. 精心设计问题

在高等数学探究式学习中，设置有效问题是关键。教师应针对数学课程中的核心概念和难点，设计具有深度和广度的探究性问题。这些问题应能引导学生深入思考，激发他们的探究欲望。问题的设计要注重思维的层次性和逻辑性，让学生在解决问题的过程中，能够逐步深入理解数学概念的本质和内涵。问题还应具有开放性，鼓励学生从不同角度、不同层面进行探索，培养他们的创新思维和批判性思维。通过精心设计的问题，学生可以在探究式学习中主动构建数学知识框架，提升数学素养。

#### 2. 引导抽象概括

在高等数学探究式学习中，教师应引导学生通过抽象概括，从具体的问题情境中提炼出数学概念的本质特征。这一过程需要学生积极参与，通过观察、分析、比较和归纳等思维活动，逐步形成对数学概念的深刻理解。教师应鼓励学生运用已有的知识经验，对新概念进行主动加工和建构，形成自己的理解方式。教师还应通过实例演示、图形展示等直观手段，帮助学生建立数学概念与实际问题之间的联系，增强他们的概念应用能力。通过引导抽象概括，学生可以在探究式学习中形成对数学概念的全面理解，为后续的数学学习和应用奠定坚实的基础。

#### 3. 深化理解应用

在高等数学探究式学习中，运用数学概念去解决问题是深化理解的重要途径。教师应选取与数学概念紧密相关的典型问题，让学生运用所学概念进行解答。通过解题实践，学生可以进一步加深对数学概念的理解，并学会将概念应用于解决实际问题中。教师应指导学生分析问题的结构，明确解题的思路和步骤，培养他们的解题技巧和逻辑思维能力。教师还应鼓励学生进行解题后的反思和总结，提炼出解题的规律和方法，为解决同类问题提供借鉴。通过运用概念解题，学生可以在探究式学习中深化对数学概念的理解和应用，提升数学问题的解决能力。

## （二）小组合作探究

### 1. 促进交流互动

在高等数学探究式学习中，小组合作探究是一种有效的学习方式。教师应根据学生的数学基础、学习能力和性格特点等因素，合理组建合作小组，使每个小组成员都能在小组中发挥自己的优势，实现互补互助。在小组合作中，教师要鼓励学生积极交流、相互启发，共同探讨数学问题。通过小组讨论、合作解题等形式，学生可以分享自己的解题思路和方法，借鉴他人的观点和经验，从而加深对数学问题的理解。小组合作还能培养学生的沟通能力和团队协作精神，提升他们的数学素养和综合能力。

### 2. 鼓励观点碰撞

在小组合作探究中，教师要给予学生充分的讨论时间和空间，让他们能够自由表达自己的观点和想法。在小组讨论过程中，学生可能遇到不同的解题思路和观点。这时，教师应鼓励他们进行观点碰撞，通过辩论和协商来达成共识。这种交流和碰撞不仅能够激发学生的学习兴趣和探究欲望，还能培养他们的批判性思维和创新能力。教师还应引导学生学会倾听他人的意见，尊重他人的观点，形成良好的合作氛围。通过充分讨论，学生可以在小组合作探究中不断深化对数学问题的理解，拓展自己的数学思维，为后续的数学学习奠定坚实的基础。

## （三）实践操作

### 1. 深化概念理解

在高等数学探究式学习中，实践操作是不可或缺的一环。数学作为一门实践性很强的学科，要求学生不仅掌握理论知识，更要通过实践操作来深化对数学概念和原理的理解。教师应设计丰富的实践活动，让学生亲自动手操作，感受数学的魅力。例如，在讲解立体几何时，教师可以引导学生利用几何体进行拼接、折叠等操作，通过直观感知来加深对立体几何概念的理解。这样的实践操作不仅能够帮助学生更好地掌握数学知识，还能培养他们的空间想象能力和动手操作能力。

### 2. 发现数学规律

除了动手操作外，实验探索也是高等数学探究式学习中的重要方式。教师应鼓励学生通过实验来探索数学规律，发现数学知识的内在联系。例如，在学习微积分时，教师可以设计一些实验，让学生通过实验数据来观察函数的变化规律，进而理解导数和积分的概念。这样的实验探索不仅能够激发学生的学习兴趣，还能培养他们的观察能力和数据分析能力。通过实验探索，学生可以更加深入地理解数学知识，为后续的数学学习打下坚实的基础。

### 3. 拓展实践领域

随着科技的不断发展，数学与技术的结合越来越紧密。在高等数学探究式学习中，教师应注重技术的应用，引导学生利用现代技术手段进行实践操作。例如，教师可以利用数学软件辅助教学，让学生通过软件进行数学实验和模拟。这样的技术应用不仅能够拓展学生的实践领域，还能提高他们的计算能力和编程能力。教师还可以引导学生利用网络资源进行自主学习和探究，培养他们的信息素养和自主学习能力。通过结合技术应用，高等数学探究式学习更加贴近实际，更加富有成效。

## （四）建立平等和谐互动的师生关系

### 1. 营造平等的氛围

在高等数学探究式学习中，建立平等和谐的师生关系是至关重要的。教师应摒弃传统的权威式教学观念，与学生建立平等的对话关系，鼓励学生大胆质疑和提出自己的见解。这种平等氛围能够让学生感受到自己的主体地位，从而更加积极地投入探究式学习中。教师应尊重学生的不同观点和思维方式，与学生进行交流与讨论，给予他们充分的表达机会，共同探索数学问题的本质。在这样的氛围中，学生的创新思维和批判性思维能够得到充分发展，数学素养也能得到全面提升。

### 2. 积极参与引导

在探究式教学中，教师不仅是知识的传授者，更是学生学习的引导者和伙伴。教师应积极参与到学生的探究式学习活动中，与学生一起探索数学问题，共同经历知识的发现过程。当学生在探究学习中遇到问题时，教师应及时给予其正确的引导和帮助，引导他们分析问题、寻找解决方案。教师还应关注学生的学习进展和思维状态，根据实际情况调整教学策略和方法，以确保探究式学习的顺利进行。通过教师的积极参与和引导，学生能够更加深入地理解数学知识，掌握探究式学习的方法和技巧，为未来的数学学习奠定坚实的基础。

# 第二节　数学定理与公式的自主发现过程设计

## 一、高等数学中数学定理的自主发现过程设计

### （一）观察与感知

#### 1. 观察数学现象

在高等数学定理的自主发现过程中，首要任务是引导学生仔细观察数学对象的特征和规律。数学对象包括函数、图形、数列等多种形态，每一种都蕴含着独特的数学特性和内在联系。教师应选取具有代表性的数学问题或模型作为观察的起点，让学生通过细致的观察，发现其中隐藏的数学现象。例如，在研究函数的性质时，可以引导学生观察函数图象的变化趋势、极值点、拐点等关键特征，从而初步感知函数的基本形态和规律。通过观察，学生可以逐渐发现一些有趣的现象，如某些函数在特定区间内的单调性、对称性或周期性等，这些现象往往是数学定理的雏形。这样的观察过程能够激发学生

的好奇心和探索欲，为后续的数学定理发现奠定坚实的基础。

### 2. 实例引入

在高等数学定理的自主发现过程中，实例引入是一个至关重要的环节。通过选取实际生活中的例子或构建数学模型，教师能够帮助学生建立起与数学定理之间的直观联系，从而极大地激发他们的探究兴趣。例如，在介绍极限的概念时，可以从日常生活中常见的情境出发，如一个物体在逐渐靠近某个点时，其运动轨迹的极限位置。通过这样的实例，学生可以直观地感受到极限的实际意义，进而对极限的定义和性质产生浓厚的探究欲望。又如，在讲解定积分的应用时，可以通过解决计算曲线下面积或物理中的功、位移等实际问题，构建数学模型，让学生看到数学定理在解决实际问题中的巨大作用。这样的实例引入，不仅能够帮助学生理解数学定理的抽象概念，还能让他们认识到数学在现实生活中的应用价值，从而更加积极地投入数学定理的探究中去。通过实例引入，学生可以更加直观地理解数学定理的背景和含义，能够更容易接受和掌握新的数学知识。这种直观的联系还能够激发学生的想象力和创造力，引导他们在探究数学定理的过程中发现更多的数学之美。

### （二）假设与猜想

### 1. 提出假设

在高等数学定理的自主发现过程中，提出假设是至关重要的一步。当学生通过观察数学现象，对其中蕴含的规律有了初步感知后，教师应鼓励他们基于这些观察结果，大胆地提出自己的假设或猜想。假设是对观察到的现象和规律的一种合理解释或推测，可能是初步的、不完善的，但却是定理发现的重要起点。在提出假设的过程中，学生需要运用已有的数学知识和逻辑思维，对观察到的现象进行深入分析和思考，从而推测出可能的数学关系或规律。例如，在研究数列的收敛性时，学生可能会观察到某些数列的项随着项数的增加而逐渐趋近于某个值。基于这一观察，他们可以提出假设：该数列收敛于某个特定的值。这样的假设为后续的数学推理和定理证明提供了明确的方向和目标。提出假设的过程能够锻炼学生的直觉和判断力，也是对其数学素养和探究能力的一种考验。通过不断尝试和修正假设，学生可以逐渐逼近数学真理，为最终的定理发现奠定坚实的基础。

### 2. 讨论与验证

在高等数学定理的自主发现过程中，讨论与验证是一个不可或缺的环节。一旦学生提出了各自的假设，教师应立即组织小组讨论，为学生提供一个自由、开放的交流平台。在讨论中，学生可以积极分享自己的假设及其背后的思考逻辑，倾听他人的观点和想法。这种互动不仅能够帮助学生拓宽思路，发现自身假设的局限性和不足之处，还能通过思想碰撞激发出新的灵感和创意。紧接着，学生需要通过初步的计算或推理来验证这些假设的合理性。这一过程要求学生运用所学的数学知识和解题技巧，对假设进行严格的逻辑推导和数学演算。通过验证，学生可以直观地了解假设与实际情况的契合程度，从而对假设的正确性做出初步判断。讨论与验证的环节能够有效锻炼学生的批判性思维和合作能力。在讨论中，学生学会了表达自己的观点、倾听和尊重他人的意见以及在团队中协同工作。而在验证过程中，学生则学会了运用数学知识解决实际问题，评估和调整自己的假设，以逐步逼近数学真理。这种综合性的学习方式，为学生的全面发展奠定了坚实的基础。

### （三）验证与应用

### 1. 验证定理

在高等数学定理的自主发现过程中，验证定理是一个至关重要的步骤。为了确保所发现的定理具有普适性和可靠性，学生需要通过多种方式和不同的案例来对其进行严格的验证。具体的计算是验证定理的一种有效方法。学生可以选择一些特定的数学例子，运用定理进行计算，以检验定理在这些例子中的正确性。通过反复计算和比对，学生可以初步判断定理的准确性和适用范围。除了具体的计算外，数学推理也是验证定理的重要手段。学生可以利用已有的数学知识和逻辑规则，对定理进行严格的推导和证明。通过推理过程，学生可以更加深入地理解定理的本质和内涵，发现可能存在的漏洞或不足之处。将定理应用于实际问题中也是验证其普适性和可靠性的重要途径。

学生可以尝试将定理应用于解决现实生活中的数学问题，如物理现象的数学建模、经济数据的预测分析等。通过实际应用，学生可以直观地看到定理在解决实际问题中的效果和价值，从而更加坚信定理的正确性。验证定理是一个涉及多个方面和步骤的复杂过程。学生需要通过具体的计算、数学推理以及实际应用等多种方式来全面验证定理的普适性和可靠性，以确保其在数学领域中得到广泛认可和应用。

### 2. 应用实践

在高等数学定理的自主发现过程中，应用实践是一个至关重要的环节。鼓励学生将所发现的定理积极应用于解决实际问题，不仅能够帮助他们更深入地理解定理的内涵和实质，还能有效培养他们的数学应用能力，实现理论与实践的有机结合。通过应用实践，学生可以将抽象的数学定理转化为解决具体问题的有力工具。他们可以尝试将定理应用于物理、工程、经济等不同领域的问题中，通过数学建模、数据分析等手段，探索定理在实际应用中的价值和效果。在应用实践过程中，学生会遇到各种挑战和困难，需要灵活运用所学的数学知识和解题技巧，不断调整和优化解决方案。这种实践锻炼不仅能够提升学生的数学应用能力，还能培养他们的创新思维和解决问题的能力。应用实践也是检验定理正确性和普适性的重要途径。在解决实际问题过程中，学生可以直观地看到定理在解决实际问题中的表现，从而对其正确性和适用范围有更加清晰的认识。在高等数学定理的自主发现过程中，教师应积极鼓励学生参与应用实践，为他们提供丰富的实践机会和资源，帮助他们在实践中不断深化对定理的理解，提升数学应用能力，为未来的学术研究和职业发展奠定坚实的基础。

## 二、高等数学中数学公式的自主发现过程设计

### （一）创设问题情境

### 1. 引入实际案例

在高等数学中，数学公式的自主发现过程是一个充满挑战与探索的旅程。

为了有效启动这一过程，创设一个引人入胜的问题情境至关重要。我们可以从丰富多彩的现实生活、深奥的科学研究领域，或是复杂的工程技术实践中，精心挑选那些与数学公式紧密相连的实例作为切入点。例如，通过分析物理学中物体运动的轨迹，我们可以引入微积分的概念，让学生直观感受到速度、加速度与位移之间的数学关系；或者借助经济学中的供需模型，展现函数曲线如何"优雅地描述"市场价格的波动，从而激发学生对数学公式背后逻辑的好奇与探究。这样的案例不仅赋予数学公式鲜活的生命力，还能让学生深刻理解数学在解决实际问题中的重要性。在创设问题情境时，教师应注重引导学生主动思考，鼓励他们从已知信息出发，尝试自己推导出数学公式，而不是被动地接受知识。通过这样的过程，学生不仅能掌握数学公式，更能培养独立思考和解决问题的能力，为日后的学术研究和职业发展奠定坚实的基础。

### 2. 明确问题目标

在高等数学学习中，明确问题目标是数学公式自主发现过程的关键一步。教师要清晰、准确地阐述所要探究的数学公式或关系，以便学生迅速聚焦探究的核心，避免在浩瀚的数学海洋中迷失方向。教师应确保问题目标的表述既具体又富有启发性，能够激发学生的好奇心和探索欲。例如，教师在研究导数的应用时，可以直接提出问题："我们如何利用导数来求解曲线的极值点？"这样的问题目标既直指数学公式的核心应用，又引导学生思考导数与实际问题的联系。明确问题目标还能帮助学生构建知识间的联系，使他们在探究过程中能够有的放矢地运用已有知识，逐步逼近问题的本质。随着探究的深入，学生不仅能掌握特定的数学公式，还能理解其背后的数学原理，以及在不同情境下灵活运用这些知识。这样的学习过程，无疑能够大大提升学生的数学素养和问题解决能力。

## （二）观察与分析

### 1. 数据收集

在高等数学中，观察与分析是数学公式自主发现不可或缺的环节。数据收集作为这一环节的起点，其重要性不言而喻。为获取与问题紧密相关的数据和信息，学生需被引导采用多样化的方法。实验是一种直观且有效的方式。通过精心设计的实验，学生可以亲手操作，观察现象，记录下宝贵的数据。调查则能让学生走出课堂，深入实际，从广泛的社会实践中收集第一手资料。此外，查阅文献也是一种重要的数据收集方式，有助于学生站在巨人的肩膀上，借鉴前人的研究成果，拓宽视野。在数据收集过程中，学生应学会筛选和整理信息。为确保数据的准确性和有效性，他们还需培养敏锐的观察力，从海量数据中捕捉到对解决问题至关重要的线索。这一过程不仅能提升学生的数据处理能力，还能为后续数学公式的推导和验证奠定坚实的基础。

### 2. 数据分析

在高等数学学习中，数据分析是连接数据与数学公式的桥梁。学生完成数据收集后，运用图表、统计等多样化的分析工具，深入挖掘数据之间的内在联系和潜在规律，是数学公式自主发现过程中的重要步骤。图表能够直观展示数据的分布特征和变化趋势，有助于学生快速捕捉到数据间的关联。统计方法则能提供更为精确的数学描述，如均值、方差等统计量，能进一步量化数据特性，揭示隐藏的规律。在这一过程中，学生需学会灵活运用不同的分析手段，反复对比和验证，以确保分析结果的准确性和可靠性。通过数据分析，学生不仅能加深对数据的理解，还能逐步认识数学公式的本质，为后续的数学公式推导和验证工作奠定坚实的基础。这一过程也有助于培养学生的逻辑思维能力和批判性思维，提升他们在面对复杂问题时的分析和解决能力。

### （三）假设与推理

#### 1. 提出假设与推理

在高等数学学习中，假设与推理是数学公式自主发现的核心环节。基于前期数据分析所揭示的线索和规律，学生被鼓励勇敢地提出自己的假设。这些假设可以是对变量间关系的猜想，也可以是对数学公式可能形式的预判。

提出假设的过程是学生运用直觉和创造力的重要时刻。他们需要根据已有的数据和分析结果，结合自己的数学知识和经验，构建初步的数学模型。这个过程充满挑战，因为假设的提出不仅需要敏锐的洞察力，还需要足够的勇气去突破传统思维的束缚。为了帮助学生更好地提出假设，教师可以引导他们回顾类似的数学问题，分析已有公式的推导过程，从中汲取灵感，鼓励学生进行交流和讨论，碰撞出更多创新的火花。这一阶段，重要的是让学生明白，假设并非凭空臆想，而是基于数据和数学原理的合理推测。通过不断尝试和调整，学生可以逐步逼近数学公式的真相，为后续的推理和验证工作奠定坚实的基础。这一过程不仅能锻炼学生的数学思维能力，还能培养他们的创新精神和解决问题的能力。

### 2. 逻辑推理

在高等数学学习中，逻辑推理是验证和修正假设的关键步骤。学生需运用扎实的数学知识和严密的逻辑推理能力，对所提出的假设进行深入的探究。这一过程中，代数、微积分等高等数学的解题方法和技巧将发挥重要作用。学生需灵活运用这些数学工具，对假设进行逐步的推导和演算，以验证其正确性和合理性。逻辑推理不仅要求学生具备严密的思维，还需要他们有足够的耐心和毅力。因为验证假设的过程往往不是一蹴而就的，可能需要经过多次的尝试和修正。学生需要学会从失败中吸取经验，不断调整自己的思路和方法，直到找到正确的数学公式或关系。在这个过程中，教师的作用至关重要。教师应给予学生充分的指导和支持，帮助他们厘清思路，解决推理过程中遇到的难题。教师还应鼓励学生保持积极的心态，勇于面对挑战，培养他们坚韧不拔的进取精神。通过逻辑推理，学生不仅能验证和修正自己的假设，还能更深入地理解数学公式和原理，提升数学思维的严谨性和逻辑性。这一过程对他们的数学学习和未来的学术研究都具有重要意义。

## （四）公式发现与验证

### 1. 公式发现

在高等数学学习中，公式发现是基于逻辑推理的创造性过程。在学生通过逻辑推理对假设进行充分的验证和修正后，他们便站在了发现数学公式的大门前。

鼓励学生勇敢地迈出这一步，尝试用数学语言来精确描述他们所发现的规律或关系。构建数学公式并非易事，需要学生具备扎实的数学基础、敏锐的洞察力和丰富的创造力。在初次尝试时，学生可能会遇到种种困难，如公式的形式不够简洁、无法准确反映数据关系等。此时，教师应引导他们保持耐心，鼓励他们不断尝试和修正。学生可以通过调整公式的参数、改变公式的结构等方式，逐步发现最佳的数学公式。在这个过程中，学生还需学会评估公式的优劣。学生可以通过比较不同公式的预测能力、简洁度以及在实际应用中的效果，来选择最佳的数学公式。

经过多次尝试和修正，学生找到满意的数学公式时，不仅收获了知识的成果，更体验到了数学探索的乐趣和成就感。这一过程对他们的数学学习和未来的学术研究都将产生深远的影响。

## 2. 公式验证

在高等数学中，公式验证是确保数学公式的正确性和普适性的重要环节。学生发现新的数学公式后，必须通过多种方法进行严格的验证。数值计算是一种直接且有效的验证方法。学生可以将公式应用于具体的数值，通过计算结果与实际情况的对比，来检验公式的准确性。如果数值计算结果与预期相符，那么公式在数值层面就得到了初步验证。图形展示也是一种直观的验证方式。学生可以利用数学软件或绘图工具，将公式的计算结果以图形的形式展示出来。通过观察图形的特征和变化趋势，学生可以更直观地判断公式是否正确地描述了数据关系。

此外，实际应用是验证公式普适性的重要途径。学生可以尝试将公式应用于不同的实际问题和场景中，观察其是否能够得出合理的结果。如果公式在多种实际应用中都能表现出良好的预测能力和解释力，那么其普适性就得到了有力的证明。在公式验证过程中，学生应保持严谨的态度和开放的心态，认真对待每一个验证结果，不断反思和解决公式中存在的问题。学生也应乐于接受他人的建议，通过交流与合作不断提升公式的质量和可靠性。

# 第三节  实验数学与数学建模的整合教学

## 一、实验数学与数学建模的整合教学模式

### （一）课程设计原则

#### 1. 实践导向

（1）理论与实践的有机结合

在实验数学与数学建模的整合教学模式中，实践导向原则强调理论教学与实验操作的紧密结合。高等数学理论往往抽象且复杂，通过实践操作，学生能够实际应用数学理论，深化对理论知识的理解。例如，在微积分教学中，通过设计关于物体运动轨迹的实验，学生可以利用数值计算和图形绘制技术，直观地观察物体在不同条件下的运动规律，从而加深对微积分概念的理解。

（2）强化实验环节

实践导向原则要求增加实验教学的比重，确保学生有足够的时间进行实验操作。实验设计应涵盖从简单的验证性实验到复杂的探究性实验，以逐步提升学生的实验技能和问题解决能力，实验内容应与实际问题（如物理学、经济学等领域的问题）紧密结合，以激发学生的学习兴趣和动力。

（3）利用现代信息技术

现代信息技术在实验数学与数学建模的整合教学模式中发挥着重要作用。例如，MATLAB、Mathematica 等数学软件以及虚拟实验环境为学生提供了强大的实验工具。运用这些工具，学生可以进行复杂的数值计算和数据分析，探索数学规律，提出猜想并进行验证。

#### 2. 问题中心

（1）以实际问题为驱动

问题中心原则强调以实际问题为驱动，将数学理论与实际问题紧密结合。在实验数学与数学建模的整合教学模式中，教师应引导学生从实际问题出发，

抽象出数学模型，并通过实验进行验证和解决。例如，在经济学领域中，学生可以利用微积分和线性代数知识建立经济模型，分析市场供需关系、价格变动等实际问题。

（2）鼓励自主探究

问题中心原则鼓励学生进行自主探究，通过提出问题、设计实验、收集数据、分析结果等过程，培养学生的创新思维和问题解决能力。在实验数学与数学建模的整合教学模式中，教师可以设计一些开放性的实验项目，让学生根据自己的兴趣和能力选择研究方向和实验方案，并提供必要的指导和支持，确保学生能够在自主探究的过程中取得实质性进展。

（3）强调问题解决能力

问题中心原则强调培养学生的问题解决能力。在实验数学与数学建模的整合教学模式中，学生需要通过实验和建模的过程，解决一系列实际问题。这些问题的解决不仅需要学生具有扎实的数学基础知识和实验技能，还需要学生具有良好的创新思维和团队合作能力，教师应注重培养学生的问题解决能力，通过案例分析、项目研究等方式，让学生在实际操作中锻炼和提升这一能力。

### 3. 跨学科融合

（1）融合其他学科的知识和方法

在实验数学与数学建模的整合教学模式中，教师应引导学生关注物理学、经济学、工程学等领域的实际问题，并尝试利用数学知识进行建模和求解。例如，在物理学领域，学生可以利用微积分和线性代数知识建立物理模型，分析物体的运动规律；在经济学领域，学生可以利用微积分和概率统计知识建立经济模型，分析市场供需关系等。

（2）培养跨学科思维

跨学科融合原则要求培养学生的跨学科思维，即能够从不同学科的角度思考问题并寻找解决方案。在实验数学与数学建模的整合教学模式中，教师可以通过设计跨学科的实验项目或进行案例研究等方式，让学生在实际操作中培养跨学科思维。例如，在环境科学领域，学生可以利用数学知识和方法分析污染物在环境中的扩散规律，并提出相应的治理措施。

（3）利用跨学科资源和技术手段

跨学科融合原则强调利用跨学科资源和技术手段来支持实验数学与数学建模的整合教学。例如，在物理学领域，学生可以利用物理实验室的设备和仪器进行实验操作；在经济学领域，学生可以利用经济学数据库和软件进行数据分析和建模。教师应鼓励学生利用网络资源进行自主学习和合作研究，以拓宽他们的学习视野和知识面。

## （二）教学内容与方法

### 1. 实验数学内容的选择与组织

（1）实验数学内容的系统性与针对性

实验数学内容的选择应注重系统性与针对性，旨在构建一个既全面又深入的知识体系。首先，教学内容应涵盖代数模型、差分方程模型、微分方程模型、数学规划模型、概率模型、回归模型、图论与网络模型、神经网络模型等多个领域，以确保学生掌握各类常用的数学模型。其次，教学内容的组织应充分考虑学生的数学基础，从基础概念出发，逐步深入到复杂模型，形成循序渐进的学习路径；此外，针对不同专业背景和兴趣的学生，教师应设计差异化教学内容，以满足其个性化学习需求。最后，在实验数学内容的组织上，教师应注重理论与实践的紧密结合，通过设计一系列与实际问题相关的实验项目，让学生在实际操作中体验数学模型的应用与验证过程。这些实验项目不仅应涵盖经典的数学模型，还应引入现代科技领域的新模型和新方法，以拓宽学生的视野。

（2）实验案例的选择与编排

实验案例的选择与编排是实验数学内容组织中的另一个重要方面。案例的选择应具有代表性和启发性，能够引导学生深入思考数学模型的本质和应用。例如，在人口增长预测、交通流量分析、金融市场波动预测等实际问题中，教师可以设计相应的实验案例，让学生运用数学模型进行求解和分析。在案例的编排上，应注重从简单到复杂、从单一到综合的过渡。在教学初期，教师可以设计一些基础的验证性实验，帮助学生掌握基本的数学方法和实验技能。随着学习的深入，教师要逐渐引入一些综合性的探究性实验，鼓励学生进行自主探索和创新思考。

### 2. 教学方法与手段的创新

（1）混合式教学模式的应用

混合式教学模式将传统课堂教学与在线学习相结合，为实验数学与数学建模教学提供了更多可能性。通过在线学习平台，学生可以随时随地进行自主学习和交流，获取丰富的教学资源和互动支持；课堂教学则可以更加注重问题的深入探讨和实验操作的指导，形成线上与线下相互补充、相互促进的教学格局。在混合式教学模式中，教师应充分发挥引导作用，设计多样化的教学活动和任务，以激发学生的学习兴趣和动力。例如，教师可以设计一些在线讨论、协作编辑、虚拟实验等互动环节，让学生积极参与并分享自己的学习成果和心得体会。

（2）信息技术手段的运用

信息技术手段的运用为实验数学与数学建模的教学提供了强大的支持。例如，MATLAB、Mathematica 等数学软件以及虚拟实验环境为学生提供了便捷的实验工具和仿真平台，使他们能够在计算机上进行复杂的数值计算和数据分析。在线学习平台、虚拟实验室等技术手段使实验教学更具灵活性和可能性。在信息技术手段的运用上，教师应注重培养学生的信息素养和创新能力。教师通过教授学生使用这些工具进行数学实验和建模分析，提高他们的数据处理能力和问题解决能力，鼓励他们利用这些工具进行自主探究和创新实践，培养他们的创新思维和实践能力。

## 二、整合教学的实施策略

### （一）实验与建模的有机结合

### 1. 实验设计与数学建模的相互支持

（1）实验设计引导数学建模的深化

在实验设计与数学建模的整合教学中，实验设计不仅是验证理论知识的手段，更是引导学生深入理解数学概念、探索数学模型的重要途径。实验设计应紧密围绕数学建模的需求，通过精心设计的实验情境和问题，激发学生的探究兴趣，引导他们从实际问题中抽象出数学模型。例如，在物理学中的自由落体运动实验中，教师通过测量不同高度下物体下落的时间，引导学生建立自由落体运动的数学模型，并深入理解重力加速度、速度、位移等物理量的关系。在实验设计中，教师应注重实验的可操作性和可观察性，确保学生能够亲自动手进行实验，并观察到明显的实验现象。实验设计还应具有一定的开放性和挑战性，以激发学生的创新思维和问题解决能力。教师通过引导学生设计自己的实验方案、选择实验器材、收集和分析实验数据，可以培养他们的实验设计能力和科学探究精神。

（2）数学建模促进实验设计的优化

数学建模在实验设计与数学建模的整合教学中同样发挥着重要作用。通过对实验数据的数学处理和分析，学生可以建立更加准确、有效的数学模型，并据此优化实验设计。例如，在生物学中的种群增长实验中，学生可以通过数学建模预测种群数量的变化趋势，并根据预测结果调整实验条件（如食物供应、生存空间等），以观察不同条件下种群增长的变化情况。数学建模还可以帮助学生深入理解实验现象背后的物理、化学或生物机制。通过对实验数据的数学处理和分析，学生可以揭示实验现象之间的内在联系和规律，从而更深入地理解实验的本质和意义。此外，数学建模还可以为实验结果的解释和预测提供有力的数学支持，使实验结果更具说服力和可信度。

**2. 实验数据的数学处理与分析**

（1）数据处理方法的创新与应用

在实验设计与数学建模的整合教学中，实验数据的数学处理与分析是连接实验设计与数学建模的桥梁。为了从实验数据中提取有用的信息并建立准确的数学模型，学生需要采用一系列先进的数据处理方法和技术。例如，在统计学中，学生可以采用回归分析、方差分析等方法对实验数据进行处理和分析；在时间序列分析中，学生可以采用自回归模型、滑动平均模型等方法对实验数据进行处理和分析。随着计算机技术的发展，越来越多的数据处理软件和工具被应用于实验数据的数学处理与分析中。例如，MATLAB、R 语言等软件提供的强大数据处理和分析功能，可以帮助学生快速、准确地处理实验数据并建立数学模型。教师应引导学生掌握这些软件和工具的使用方法，提高他们的数据处理和分析能力。

（2）数据分析结果的解释与应用

在实验数据的数学处理与分析中，数据分析结果的解释与应用同等重要。通过对实验数据的数学处理和分析，学生可以得到一系列数学模型和统计指标，如回归方程、相关系数、置信区间等。这些数学模型和统计指标不仅可以帮助学生深入理解实验现象的本质和规律，还可以为实验结果的解释和预测提供有力的数学支持。教师应引导学生对数据分析结果进行深入的解释和应用。首先，学生需要理解每个数学模型和统计指标的含义和适用范围，确保它们能够准确地反映实验现象的本质和规律。其次，学生需要将数据分析结果与实验现象进行对比和验证，确保它们的一致性和可靠性。最后，学生还需要将数据分析结果应用于实际问题中，提出有效的解决方案或预测未来的发展趋势。

## （二）信息技术在整合教学中的应用

### 1. 数学软件（如 MATLAB、LINGO 等）的使用

（1）数学软件在整合教学中的应用

数学软件如（MATLAB、LINGO 等）以强大的数值计算、数据分析及优化求解能力，在实验设计与数学建模的整合教学中发挥着不可替代的作用。这些软件不仅能够帮助学生快速、准确地处理实验数据，建立数学模型，还能够提供丰富的可视化工具，帮助学生直观地理解数学模型的结构和动态行为。在数学建模过程中，MATLAB、LINGO 等软件可以帮助学生进行模型求解、参数估计、敏感性分析等。例如，在解决问题时，LINGO 软件可以高效地求解线性规划、非线性规划等模型，提供最优解或近似最优解；而 MATLAB 则可以通过强大的数值计算功能，进行复杂的微分方程求解、矩阵运算等，为数学建模提供有力的支持。

（2）数学软件在教学中的创新应用

在数学软件的使用过程中，教师应注重引导学生探索其创新应用，培养学生的自主学习能力和创新思维。例如，教师可以设计一些开放性的实验项目或数学建模任务，要求学生利用 MATLAB、LINGO 等软件进行求解，并鼓励他们探索不同的算法和模型。通过这种方式，学生可以深入了解数学软件的功能和特性，掌握其在实际问题中的应用方法，并培养自己的问题解决能力和创新思维。教师还可以利用数学软件开展翻转课堂教学。在课前，学生可以通过观看教学视频、阅读相关文献等方式自主学习数学软件的基本操作和应用方法；在课上，学生则可以通过小组讨论、案例分析等方式深入探讨数学软件在实验设计与数学建模中的应用。这种教学模式不仅能够提高学生学习的积极性和主动性，还能够培养他们的团队协作能力和批判性思维能力。

## 2. 虚拟实验与仿真技术的应用

（1）虚拟实验与仿真技术在整合教学中的优势

虚拟实验与仿真技术是一种利用计算机生成虚拟实验环境，模拟真实实验过程的技术手段。在整合实验设计与数学建模的教学中，虚拟实验与仿真技术具有显著的优势。首先，它可以打破传统实验教学的时间和空间限制，使学生能够在任何时间、任何地点进行实验操作；其次，它可以降低实验成本，减少实验器材的消耗和损坏；最后，它可以提高实验的安全性，避免学生在真实实验过程中可能遇到的危险和伤害。在实验设计与数学建模的整合教学中，虚拟实验与仿真技术可以模拟各种复杂的实验环境和物理过程，帮助学生深入理解实验现象的本质和规律。例如，在物理学的波动实验中，虚拟实验可以模拟不同频率、不同振幅的波在介质中的传播过程，帮助学生直观地理解波的特性和传播规律。虚拟实验还可以提供丰富的交互功能，允许学生调整实验参数、观察实验现象的变化，从而培养他们的探究精神和创新能力。

（2）虚拟实验与仿真技术的实施策略

首先，教师应根据实验与数学建模的教学需求，选择合适的虚拟实验平台和仿真软件。这些平台和软件应具有良好的用户界面、丰富的实验资源和强大的仿真功能，能够满足不同学科和专业的教学需求。其次，教师应注重引导学生掌握虚拟实验与仿真技术的基本操作和应用方法，通过讲解示范、实践操作等方式，帮助学生熟悉虚拟实验环境的构建、实验参数的设置、实验结果的观察和分析等步骤，提高他们的实验技能和仿真能力。最后，教师应注重将虚拟实验与仿真技术与实际教学相结合，设计具有针对性的实验项目和数学建模任务。这些项目和任务应紧密结合课程内容和学生的实际情况，注重培养学生的问题解决能力和创新思维。教师还应鼓励学生利用虚拟实验与仿真技术进行自主学习和探究式学习，提高他们的自主学习能力和团队协作能力。

# 第四节　探究式学习的效果评估与改进建议

## 一、高等数学探究式学习的效果评估

### （一）学生的参与度与学习兴趣

#### 1. 学生的参与度

在高等数学探究式学习中，学生的参与度是衡量学习效果的重要指标。探究式学习通过打破传统讲授式教学的束缚，鼓励学生主动参与到学习过程中。学生不再是被动接受知识的"容器"，而是成为知识的探索者和发现者。为了提高学生的参与度，教师需要提供多样化的资源和工具，如数学软件、在线课程、实验设备等。这些资源和工具能够激发学生的学习兴趣，使他们更愿意投入数学学习中。教师还应设计具有挑战性和趣味性的探究任务，让学生在解决问题的过程中体验到成就感，从而进一步提高他们的参与度。在探究式学习中，学生的参与度不仅体现为课堂上的积极表现，还体现为课后的自主学习和探究。查阅资料、进行实验、分析数据等活动都需要学生的积极参与和投入。学生的参与度直接反映了他们在探究式学习中的投入程度和学习效果。

## 2. 学习兴趣

在高等数学探究式学习中，学习兴趣是推动学生持续深入学习的核心动力。相较于传统的教学方式，探究式学习更强调学生的主体地位和主动性，鼓励学生主动探索、发现知识。探究式学习的这种特性，让学生有机会亲身感受数学的魅力和趣味。在探究过程中，学生需要独立思考、寻找解决方案。这种自主性和创造性的学习方式，不仅锻炼了学生的思维能力，更让他们在数学的世界中找到了乐趣和成就感。这种正向的激励作用，使得学生对数学学习保持持久的热情。在高等数学探究式学习中，激发学生的学习兴趣成为关键。教师应该注重创设具有挑战性和趣味性的问题情境，引导学生主动思考、积极探索，及时给予学生反馈和鼓励，让他们在探究过程中不断进步和成长，从而更加热爱数学学习。

## （二）数学成绩与知识掌握

### 1. 数学成绩

众多研究均表明，探究式学习在提升学生数学成绩方面具有显著效果。这种学习方式鼓励学生主动参与，通过实践来运用和巩固知识，从而更深入地理解和记忆数学概念。在探究式学习中，学生不再是被动的知识接受者，而是成为知识的探索者和应用者。他们通过亲自动手操作、实验和解决问题，将抽象的数学概念与实际应用相结合，使知识更加具体、生动。这种亲身参与和实践的方式，不仅提高了学生对数学知识的理解和掌握程度，还培养了他们的问题解决能力和创新思维。探究式学习还强调知识的应用和迁移。学生不仅要在课堂上掌握数学知识，还要学会将其应用到解决实际问题过程中。这种能力的培养，使得学生在面对复杂的数学问题时，能够灵活运用所学知识，找到解决问题的关键，从而提高数学成绩。学生采用探究式学习可以显著提高数学成绩。探究式学习不仅能够加深学生对数学知识的理解，还能培养他们的实践能力和创新思维，为未来的数学学习和应用奠定坚实的基础。

### 2. 知识掌握

探究式学习在知识掌握方面展现出独特的优势。它不是仅仅满足于学生对数学知识点的简单记忆，而是着重培养他们对数学原理和方法的理解与应用能力。在这种学习模式下，学生不再停留在表面的知识记忆上，而是通过探究和实践，深入理解数学概念的内涵和外延，学会运用数学原理去分析问题、解决问题。这种深层次的理解和应用，使得学生的数学基础更加扎实。

探究式学习还鼓励学生进行知识的迁移和创新。学生不仅掌握课堂上的数学知识，还能将其应用到实际问题中，甚至在新的情境下创造新的数学方法。这种能力的培养，让学生不仅成为知识的掌握者，更成为知识的创造者和应用者。

此外，探究式学习还注重培养学生的数学思维方式和解决问题的能力。通过不断探究和实践，学生逐渐学会运用数学思维去分析问题，运用数学方法去解决问题。这种思维方式和能力的培养，对于学生未来的数学学习和数学知识应用具有深远的意义。探究式学习在知识掌握方面具有显著优势，它不仅能够加深学生对数学知识的理解，还能培养他们的数学思维和解决问题的能力，为他们的数学学习奠定坚实的基础。

## （三）思维能力与创新精神

### 1. 思维能力

探究式学习在培养学生的思维能力方面具有显著优势。它鼓励学生通过逻辑推理、问题解决等过程，积极运用分析、综合、判断等思维方法，从而不断提升自己的思维能力。在探究式学习中，学生面对的问题往往不是简单的数学题目，而是需要他们深入思考、探索的复杂问题。这就要求学生必须运用逻辑思维，对问题进行分解、分析，找出问题的关键所在。学生还需要综合运用所学知识，提出解决问题的方案，并进行判断和验证。这种学习方式不仅锻炼了学生的逻辑思维能力，还培养了他们的批判性思维和创造性思维。学生在探究过程中不断挑战自己的思维极限，尝试不同的解题思路和方法，从而培养了创新精神。探究式学习还注重培养学生的问题解决能力。学生需要学会独立分析问题、寻找解决方案，并在实践中不断调整和优化自己的思路。这种能力的培养，对于学生未来的学习和工作都具有重要意义。探究式学习在培养学生的思维能力方面具有重要作用。它通过鼓励学生主动思考、积极探究，不断提升他们的逻辑思维能力、批判性思维和创造性思维，为学生的全面发展奠定坚实的基础。

### 2. 创新精神

探究式学习在培养学生的创新精神方面具有独特优势。它为学生提供了一个自由、开放的学习环境，鼓励他们大胆尝试、勇于创新，从而在实践中不断锻炼和提升学生的创新精神和实践能力。在探究式学习中，由于学生面对的问题往往具有复杂性和多样性，学生需要灵活运用所学知识，尝试从不同的角度进行思考和分析。这种学习方式促使学生跳出传统的思维框架，敢于挑战权威，勇于提出新的观点和解决方案。探究式学习还鼓励学生进行实践操作，将理论知识与实际应用相结合。在实践过程中，学生需要不断尝试、摸索。实践经验的积累有助于培养学生的实践能力和创新精神。通过实践，学生能够更加深入地理解数学知识，发现其中的规律和奥秘，从而激发出更多的创新思维。探究式学习还注重培养学生的团队协作精神和沟通能力。在探究过程中，学生需要与同学、教师进行交流和合作，共同解决问题。这种团队协作和沟通，不仅有助于培养学生的团队精神，还能激发他们的创新思维，让他们在相互启发中不断成长。探究式学习在培养学生的创新精神方面具有重要作用。

### （四）团队合作与沟通能力

### 1. 团队合作

探究式学习十分注重团队合作的重要性。在这种学习模式下，学生被鼓励组成团队，共同面对问题，通过互相交流和合作来寻找解决方案。团队合作不仅能够提升学生的团队协作能力，还能汇聚集体智慧，使得问题的解决更加高效。在团队中，每个学生都有机会发表自己的观点，听取他人的意见，这种互动和交流有助于培养学生的沟通能力和倾听习惯，团队合作还要求学生学会协调不同意见、在团队中发挥自身的优势、为团队的整体目标贡献力量。这些经历能够让学生在实践中逐渐成长为具有团队精神和协作能力的人才。探究式学习中的团队合作不仅能够提升学生的团队协作能力，还能培养他们的集体智慧和责任感，为未来的学习和工作奠定坚实的基础。

### 2. 沟通能力

探究式学习为提升学生的沟通能力提供了宝贵平台。在探究学习过程中，学生必须清晰、准确地表达自己的观点和想法，倾听并理解他人的意见和建议。这种双向的沟通交流，有助于学生学会有效地传达自己的思想、理解并尊重他人的观点。在表达过程中，学生需要组织语言、梳理思路。这锻炼了他们的口头表达和逻辑思维能力。而在倾听过程中，学生需要耐心、专注。这培养了他们的同理心和人际交往能力。通过探究式学习中的沟通，学生能够更加自信地与他人交流，更加开放地接纳不同观点。这为他们未来在学术、职场和生活中的人际交往奠定了坚实的基础。良好的沟通能也有助于学生在团队中发挥更大的作用，推动团队任务的顺利完成。探究式学习在培养学生沟通能力方面具有重要意义，能让学生在互动交流中不断成长，成为具有较强人际交往能力的人才。

## （五）评估方法与指标

### 1. 评估方法

高等数学探究式学习效果的评估，应当摒弃单一的考试评价模式，转而采用多元化的评估方法。测试学习成绩是评估的一个方面。教师通过设计科学合理的试题，可以有效检验学生对数学知识的掌握程度和应用能力。此外，撰写研究论文或报告也是重要的评估方式，能够考查学生的研究能力、逻辑思维和书面表达能力。跟踪观察学生平时的成绩也是评估不可或缺的一部分，包括学生在课堂上的表现、参与讨论的积极性、解决问题的能力以及团队合作的态度等。通过全面观察记录，教师可以更加客观地评价学生的学习态度和综合素质。

多元化的评估方法能够全方位、多角度地反映学生的学习成果和进步，为教学提供更为准确的反馈，有助于学生全面发展。

### 2. 评估指标

在高等数学探究式学习的评估中，确定合适的评估指标至关重要。这些指标应当能够客观、全面地衡量学生的学习效果和进步。首先，学生对知识点的掌握程度是一个基础且重要的评估指标。通过测试、作业和课堂表现等方式，教师可以了解学生是否真正理解和掌握了所学的数学知识。其次，数学成绩也是评估探究式学习效果的关键指标。通过对比探究式学习前后学生的数学成绩，可以直观地看出探究式学习对学生学习成绩的积极影响。思维能力和创新精神的提升也是重要的评估内容。教师可以通过观察学生在解决问题时的思维方式、提出的创新观点以及完成的研究项目等来评估。最后，团队合作与沟通能力的发展同样不容忽视。教师通过团队项目、课堂讨论和合作学习等活动，可以观察学生在团队中的表现，评估他们的沟通协作能力。这些评估指标共同构成了高等数学探究式学习效果的全面评价体系，为教学提供了有效的反馈和指导。

## 二、高等数学探究式学习的改进建议

### （一）明确教学目标与内容

#### 1. 设定清晰的目标

在高等数学探究式学习中，教师首先需要设定清晰、具体的教学目标。这些目标不仅包括学生应掌握的核心知识点，还涵盖期望学生具备的各种能力，如逻辑思维能力、问题解决能力、创新能力等。这些目标应具有可衡量性，以便教师在教学过程中对学生的学习进展进行准确评估。例如，教师可以通过具体的数学题目、项目任务或研究报告来检验学生是否达到既定的学习水平。目标的设定还需考虑学生的实际情况和可行性，确保学生在努力后能够达成这些目标，从而激发他们的学习动力和自信心。通过明确的教学目标，教师可以更有针对性地设计教学活动和提供指导，以确保高等数学探究式学习的效果最大化。

## 2. 精选探究内容

在高等数学探究式学习中，选择合适的探究内容至关重要。教师应精心挑选那些既具有挑战性又富有趣味性和实用性的数学内容，以激发学生的学习兴趣和探索欲望。挑战性内容能够促使学生跳出舒适区，积极思考和解决问题，从而提升他们的数学能力和创新精神；趣味性内容能够让学生在学习过程中感受到数学的魅力，增强他们的学习动力。实用性内容则能让学生看到数学在现实生活中的应用价值，培养他们的实践能力和问题解决能力。教师还需确保所选内容的难度适中，符合学生的认知水平和学习能力。过难的内容可能让学生感到沮丧和无助，而过易的内容则可能让学生失去探究的兴趣和动力。教师应根据学生的实际情况，合理选择探究内容，确保学生在探究过程中能够获得成就感和满足感，从而促进他们的数学学习进步。

## （二）强化实践与应用环节

### 1. 加强实践教学

在高等数学探究式学习中，强化实践教学是至关重要的一环。教师应通过数学实验、项目研究等多种方式，为学生创造亲身体验数学知识应用的机会。数学实验可以让学生在动手操作中感受数学的魅力，通过观察、测量、计算等实践活动，加深对数学概念的理解。项目研究则能让学生围绕某个数学问题或实际应用场景，进行深入的探究，培养他们的实践能力和问题解决能力。这种实践教学方式不仅能够提高学生的动手能力，还能激发他们的创新思维。在实践过程中，学生需要灵活运用所学知识，尝试不同的解决方案，从而培养创新精神和实践智慧。实践教学还能让学生更好地认识到数学在现实生活中的应用价值，增强他们的学习兴趣和动力。教师应注重实践教学的设计和实施，确保学生在实践中获得丰富的数学体验和成长。

### 2. 联系实际应用

在高等数学探究式学习中，将数学知识与实际问题紧密结合，是提升学生学习兴趣和应用能力的重要途径。教师应积极引入金融学、物理学、工程学等领域的实际案例，让学生深刻体会到数学在解决实际问题中所扮演的关键角色。通过分析这些案例，学生可以了解到数学是如何被应用于各个领域的，从而认识到数学的广泛应用价值。这种教学方式能够打破数学与现实生活的隔阂，让学生看到数学并非孤立存在的，而是与我们的日常生活和工作息息相关。联系实际应用还能激发学生的学习兴趣，使他们更加主动地投入数学学习中。当学生发现所学数学知识能够解决实际问题时，他们会获得学习的成就感和满足感，从而进一步增强学习动力。教师应注重将数学知识与实际问题相结合，通过案例分析等方式，让学生更好地理解和应用数学知识。

## （三）提升教师专业素养与指导能力

### 1. 加强高等数学教师培训

在高等数学探究式学习中，教师的专业素养和指导能力至关重要。为了提升教师的专业素养和指导能力，应定期对他们进行探究式学习理念和方法的培训。通过培训，教师可以更深入地理解探究式学习的核心价值和实施要点，掌握设计探究任务、引导学生思考、评估学习成果等关键技能。这样的培训不仅有助于教师更新教学观念，还能提升他们在实践中的指导能力。培训还应为教师提供交流和分享的平台，让他们能够相互学习、共同进步。在培训过程中，教师可以分享自己的教学经验和困惑，与其他教师共同探讨解决方案，从而形成一个互助合作、共同成长的教师群体。加强教师培训是提升教师专业素养和指导能力的重要途径，也是推动高等数学探究式学习有效实施的关键措施。

### 2. 鼓励教师创新

在高等数学探究式学习中，教师的创新是推动教学效果不断提升的重要动力。教师应结合具体的教学内容和学生特点，勇于尝试并创新探究式学习的形式和方法。每个学生的学习方式和兴趣点都不相同，教师需要具备高度的灵活性和创造力，设计出既符合教学要求又能激发学生兴趣的探究式学习活动。这就要求教师不仅要熟悉数学知识，还要了解学生的学习需求和心理特点。教学研讨、经验分享等方式，可以促进教师之间的交流和合作，为他们提供一个相互学习、共同进步的平台。在这样的氛围中，教师可以互相借鉴成功的教学经验，探讨解决教学难题的方法，从而不断提升自己的教学创新能力和指导水平。鼓励教师创新，不仅能够激发学生的学习兴趣和动力，还能够推动高等数学探究式学习不断向前发展，为培养具有创新精神和实践能力的人才奠定坚实的基础。

# 第六章　项目式学习与问题导向的教学方法

## 第一节　项目式学习的定义与特点

### 一、项目式学习的内涵与意义

#### （一）项目式学习的基本内涵

项目式学习（Project-Based Learning，PBL）中的"项目"是管理学中的项目在教学领域的延伸与运用。具体来说，项目式学习是"以学科原理为中心内容，使学生在真实世界中借助多种资源开展探究活动，并在一定时间内解决一系列相互关联着的问题的一种探究式学习模式"。项目式学习主张，通过探究不同的问题，学生能够获得一定的知识与技能。这是一种系统性的教学方式。

#### （二）项目式学习的意义

##### 1. 帮助学生建构知识基础

通过项目式学习，学生能够自主对项目进行分析，开展合作以解决遇到的问题。这是一种积极的知识自主建构，能够为日后的生活与学习打下良好的基础。项目解决过程中，学生需要进行信息的收集与获取，并找寻适用于项目的解决方法。从整体上看，项目的完成不仅需要学生运用自身的思维与能力，还需要不断丰富自己的知识，建构更为完善、系统的知识框架。

### 2. 培养学生的合作意识与情感能力

在项目式学习过程中，学生面对的是真实、有意义的学习任务。一般来说，项目式学习任务对于学生来说都具有挑战性，因此需要组成项目合作小组展开学习。这种学习方式能够使组员之间相互帮助，发挥各自的优势促进项目的完成。在项目进行过程中，小组成员之间会进行积极的鼓励与沟通，还会就项目问题展开积极的探讨，这对于学生的语言交际能力和情感能力的增长大有裨益。

### 3. 发挥学生的自主性

项目式学习并不是一种自上而下的知识硬性灌输，而是主张发挥学生的自主性，让学生自主选择自己感兴趣的主题与内容，并决定学习的方式与把握学习进程。在项目进行过程中，学生需要自己制订计划，自己展开研究、合作、激励、思考、解决、反思。这一系列行为都和学生的自主意识息息相关。因此，项目式学习能够培养与增强学生的自主学习意识，锻炼学生的主观能动性与创造性，对培养学生的信息检索能力、归纳总结能力、逻辑分析能力、合作学习意识等都有重要的促进作用。

## 二、项目式学习的特征与理论基础

### （一）项目式学习的主要特征

#### 1. 真实情境

项目式学习的核心在于其真实情境的构建。这种学习模式不是将知识抽象化或理论化，而是将学习者置于一个与现实生活紧密相连的环境中。情境的真实性使得学习不再仅仅是为了应付考试，而是为了解决实际生活中可能遇到的问题。例如，一个关于环保的项目可能会让学生调查当地的水质污染情况，并提出改善方案。这样的情境不仅让学生感受到学习的紧迫性和实际意义，还能激发他们主动探索未知领域的兴趣。在这样的学习过程中，学生不仅掌握了知识，更重要的是学会了如何将知识应用于实践，从而适应快速发展的时代要求。真实情境中的项目式学习，让学习变得更有意义，也更有动力。

### 2. 问题驱动

问题驱动是项目式学习的一个显著特征。在这种模式下，学习不是从理论到实践的单向流动，而是由一个核心问题或挑战引发，推动学生去探索、去发现、去解决问题。这个问题通常具有一定的复杂性和开放性，没有现成的答案，需要学生通过多方面的探究和合作来寻找解决方案。例如，在一个关于城市交通拥堵的项目中，学生可能需要分析交通数据、调研市民出行习惯、考察不同城市的交通管理措施等。在这个过程中，问题不仅是学习的起点，也是持续推动深入学习的动力。学生通过解决问题，不仅掌握了相关的知识和技能，还培养了批判性思维和解决问题的能力。

### 3. 学生主体

在项目式学习中，学生真正成为学习活动的主体，而教师则作为指导者和促进者。这种转变意味着学生不再是被动的知识接受者，而是主动的知识探索者和创造者。学生需要自己确定项目目标、制订计划、分配任务、管理时间，并最终对项目的成果负责。例如，在一个关于社区服务的项目中，学生可能会自主选择服务的对象和内容，如为老年人提供技术支持、为孤儿院的孩子举办活动等。在这个过程中，学生不仅学会了独立思考和决策，还学会了与他人合作、沟通协调。这种以学生为主体的学习模式，有助于培养学生的自主学习能力和终身学习的习惯。

### 4. 探究学习

在项目式学习中，学生不是通过简单的记忆和复述来获取知识，而是通过亲身体验、观察、实验、调查等方式来探索未知。这种学习方式强调学习共同体的存在，即学生之间、师生之间以及学生与社会之间的合作与交流。例如，在一个关于植物生长的项目中，学生可能需要自己种植植物、记录生长数据、分析影响因素等。在这个过程中，学生不仅学会了运用科学知识来解释自然现象，还学会了与他人分享自己的发现和想法。通过小组合作学习，学生可以相互补充、相互启发，共同解决问题，从而实现知识的建构和能力的提升。

**5. 最终成果**

项目式学习强调最终成果的产出，这是其与传统教学模式的重要区别之一。在项目式学习中，学生的学习不仅是为了获取知识，更是为了创造有价值的成果。这些成果可以是实物产品、解决方案、研究报告或展示回答等。例如，在一个关于可持续能源的项目中，学生可能设计出一种新型的太阳能发电装置或提出一套节能减排方案。通过成果的产出，学生可以将所学的知识和技能应用于实践，体验到成功的喜悦和成就感。同时，成果的展示和分享也有助于提高学生的自信心和表达能力，促进他们全面发展。更重要的是，通过项目式学习产出成果的过程中，学生能够更加深刻地理解学习的意义和价值，从而激发他们持续学习的动力。

## （二）项目式学习的理论基础

### 1. "做中学"理论

19 世纪初，美国教育学家杜威在其著作《民主主义与教育》中提出"做中学"理论。他认为"教育即生活"，也就是说学生在实际生活中学到的知识才是有意义的。所以，学生要在实践生活中进行学习。这是项目式学习模式的缘起。实践生活的切身体验是项目式学习模式的出发点和立足点，注重在体验中激发学生的学习兴趣。

### 2. 建构主义学习理论

20 世纪 70 年代，瑞士认知心理学家皮亚杰等人提出建构主义学习理论。该理论学派认为，学习者学习的过程是主动建构意义的过程。学生在学习过程中并非一味、被动地接受知识，而应该是主动在生活中进行探索，不断加工、处理信息并构建知识的过程。从师生关系上看，建构主义学习理论反对教师在课堂上居于主导地位。建构主义学习理论学派提倡让教师做学生学习的促进者、引导者和帮助者，帮助学生建立起新旧知识间的联系，促进新知识的学习。项目式学习和建构主义的相同点在于，一方面教学应以学生为主体进行新旧知识的建构；另一方面，教师在教学中应充当脚手架，在新旧知识之间建立桥梁，让学生更好地构建知识。因此，项目式学习和建构主义均对教学双方进行了明确定位：学生是学习的主体，教学是学生不断进行自我探索、习得知识的过程；教师是学生学习的引导者、促进者和帮助者，其作用是不断帮助学生完善"图式"、习得知识。

### 3. 多元智能理论

1983 年，美国心理学家加德纳在《智能的结构》一书中提出了多元智能理论。他指出，人类的智能是多元的，不仅仅是一般意义上的语言、逻辑思维两种能力。多元智能理论突破了传统意义上的智能范畴，将人类的智能扩展到音乐、空间、身体动作等多种能力上去，拓宽了对人的能力的认知。将这种理论运用到教学中符合课程改革中多元评价理论体系的要求，能够使家庭、高等教育和社会从多角度评价学生，有利于培养多方面全面发展的社会需求型人才。项目式学习模式注重对学生的成果进行多元化评价，加深学生对自己的研究成果的认识和理解，这与多元智能理论的实质一致。

## 三、项目式学习的步骤

### （一）选定项目

项目的选定是项目式学习的第一个环节。项目的选定宜根据课程标准和学习者的情况，由教师和学生共同决定，以确保项目的科学性。项目的主题一般需要基于真实世界的问题，反映学科的核心知识，提升学生的综合能力。如果只是由教师或者学生决定，不免出现趣味性、可行性、实用性或科学性的缺失。

### （二）制订计划

在项目式学习中，制订计划是至关重要的一步。当小组成员确定之后，团队需要明确项目的学习目标。这些目标应该具体、可衡量，并且与项目的主题紧密相关。紧接着，时间规划成为不可忽视的环节。一条清晰的时间线能够帮助团队成员合理分配时间，确保每个阶段的任务都能按时完成。此外，人员分工规划也是计划中的重头戏。教师根据每个成员的兴趣、特长和能力，分配最适合他们的角色。这样的分工不仅提高了工作效率，还让每个人都能在项目中找到自己的位置，发挥出最大的价值。在制订计划的过程中，团队成员之间的沟通与协商至关重要，确保了计划的可行性和有效性，为项目的顺利进行奠定了坚实的基础。

## （三）活动探究

活动探究是项目式学习的核心环节，具学生获取知识与提升技能的重要途径。在这一阶段，小组成员根据分工，各自投入紧张而有序的工作中。他们或沉浸在图书馆查阅资料，或在网络上搜寻最新信息，或实地调研收集数据。自主学习在这一过程中得到了充分体现，每个学生都在为自己的任务而努力。同时，小组合作学习也发挥着不可替代的作用。在探究过程中，成员们定期汇总成果，分享发现，共同解决遇到的问题。这种交流不仅促进了知识的共享，还培养了团队协作精神和沟通能力。教师作为辅助者，在这一环节提供必要的指导和支持，确保探究活动不偏离主题，帮助学生渡过难关，取得更好的探究成果。

## （四）作品制作

作品制作是项目式学习区别于其他教学方式的关键特性。在这一阶段，学生将前期探究获得的知识和技能转化为具体的作品。这些作品形式多样，既可以是书面的研究报告、论文，也可以是口头的演讲、辩论；既可以是精美的海报、宣传册，也可以是生动的多媒体展示。作品制作的过程不仅是对前期学习成果的总结和提炼，更是对学生创造力和实践能力的考验。在这一过程中，学生需要充分发挥自己的想象力和创造力，将抽象的知识转化为具体可感的作品。同时，他们还需要关注作品的呈现方式和效果，力求做到既美观又实用。作品制作的过程虽然充满挑战，但当看到自己的努力化为一件件精美的作品时，学生都会感到无比自豪。

## （五）成果交流

成果交流是项目式学习的最后一个环节，也是检验学习成果、提升自我效能感的重要途径。在这一阶段，学生将自己的作品展示给全班同学甚至更广泛的群体。他们通过演讲、答辩、讨论等多种形式，分享自己的探究过程和心得体会。这样的交流不仅让学生有机会回顾和反思自己的学习历程，还让他们从他人的作品中汲取灵感和经验。同时，成果交流也是一个相互学习和借鉴的过程。在交流中，学生会发现自己的不足和需要改进的地方，从而明确后续学习的方向和目标。更重要的是，通过成果交流，学生能够感受到自己的努力和付出得到了认可和尊重。这种正向的反馈极大地提升了他们的自我效能感和自信心。因此，成果交流不仅是项目式学习的收尾环节，更是学生成长和进步的重要推手。

## （六）活动评价

项目式学习的活动评价是开放的，一般由教师评价、学生互评和自我评价组成。项目式学习同样重视学生互评的作用。有学者指出，学生互评可以产生与教师评价一样甚至更好的效果。多元评价方式有利于学生相互借鉴和进行自我反思，也有利于学生的共同成长。

# 第二节　数学项目的选题、设计与实施流程

## 一、高等数学项目的选题

### （一）向量代数与空间解析几何

向量代数与空间解析几何是高等数学中的重要内容，为研究空间中的几何关系和物理问题提供了强有力的数学工具。在这一领域中，项目选题可以

围绕向量运算、平面方程和直线方程、曲面方程等展开。向量运算项目聚焦于向量的加减法、数量积和向量积等基本概念和性质。学生可以通过项目深入探究向量在几何和物理学科中的应用，如力的合成与分解、速度的叠加等。此外，向量的坐标表示和坐标变换也是值得研究的方向，有助于学生理解向量在不同坐标系中的表示方法和转换规律。而平面方程和直线方程项目则可以从最基础的方程形式入手，探讨如何根据给定的条件（如点、方向向量或法向量）推导出平面和直线的方程。进一步地，学生可以研究平面与平面、直线与直线、平面与直线之间的位置关系，如平行、垂直和相交等，并通过项目实践加深对这些关系的理解。其中，曲面方程项目更加复杂和有趣。学生可以选择研究常见的曲面类型，如球面、柱面、锥面等，并探讨它们的方程形式和图形特征。此外，曲面与平面、曲面与曲面之间的交线问题也是一个值得研究的方向，它要求学生掌握曲面方程和交线方程的求解方法，并能够运用这些知识解决实际问题。

## （二）微分方程

在项目选题时，可以考虑典型的一阶微分方程的求解方法，如分离变量法、齐次方程法、一阶线性微分方程法等。这些方法不仅具有理论价值，而且在实践中有广泛的用途。除了基本的一阶微分方程外，可降阶方程也是一个重要的研究方向。这类方程通常可以通过适当的变换转化为更简单的一阶或二阶方程，从而利用已知的求解方法进行求解。学生可以通过项目实践掌握这些变换方法和求解技巧，并尝试将它们应用于解决实际问题中。此外，微分方程在项目选题中还可以与其他数学知识相结合，如与向量代数结合研究空间曲线的切线和法平面问题，与无穷级数结合探讨微分方程的级数解法等。这些综合性的项目有助于培养学生的综合运用能力和创新思维。

## （三）无穷级数

无穷级数是研究数列和函数的重要工具，其收敛性判断和求和方法是高等数学中的重点和难点。在项目选题时，可以考虑数项级数的收敛性判断方法，如比较判别法、比值判别法、根值判别法等。这些方法不仅有助于判断级数的收敛性，而且对于理解级数的性质和应用也具有重要意义。而幂级数是无穷级数中的一种特殊类型，其收敛半径和收敛域的判断是项目选题的另一个重要方向。学生可以通过项目实践掌握幂级数的展开方法和收敛性判断技巧，并尝试将它们应用于函数的近似计算和误差估计等问题中。除了基本的收敛性判断和求和方法外，无穷级数在项目选题中还可以与其他数学知识相结合，如与微分方程结合探讨微分方程的级数解法和特殊函数的性质，与复变函数结合研究复级数的收敛性和解析性等。这些综合性的项目有助于拓宽学生的知识面和视野，培养他们的跨学科思维能力和创新能力。

## （四）多元函数的积分学与微分学

多元函数的积分学与微分学是高等数学的重要组成部分，涉及对多元函数进行积分和微分的研究。在多元函数的积分学中，二重积分和三重积分是两种基本的积分形式。二重积分主要用于计算平面区域上的面积或质量分布等问题，其计算方法包括直角坐标法和极坐标法。三重积分则用于描述三维空间中的体积或质量分布，其计算过程相对复杂，需要运用多种技巧。此外，曲线积分和曲面积分也是多元函数积分学的重要内容，分别用于计算曲线和曲面上的物理量，如质量、电荷等。其中，多元函数的微分学，研究的核心是多元函数的梯度、方向导数和极值等问题。梯度是一个向量，描述了函数在某一点处的变化率和方向，对于理解函数在不同方向上的性质具有重要意义。方向导数则是描述函数在某一特定方向上的变化率，可以帮助我们了解函数在特定方向上的增减情况。极值问题则是多元函数微分学的难点和重点，涉及函数在特定条件下的最大值和最小值，在优化问题、经济分析等领域具有广泛应用。

## （五）一元函数微分学

一元函数微分学是高等数学的基础，主要研究一元函数的导数与微分、洛必达法则的应用以及函数的极值等问题。导数是描述函数在某一点处变化率的重要概念，可以帮助我们了解函数在不同区间上的增减情况，以及函数在特定点处的切线斜率。微分则是导数的一种应用形式，描述了函数在某一点处的微小变化量，对于近似计算和误差估计等问题具有重要意义。而洛必达法则是求解极限问题的一种重要方法，特别适用于那些直接代入无法求解的极限问题。运用洛必达法则可以将复杂的极限问题转化为简单的求导问题，从而大大简化计算过程。此外，函数的极值问题也是一元函数微分学的重要内容。极值包括最大值和最小值，分别代表了函数在特定区间上的最大和最小值。求解函数的极值，可以了解函数在不同区间上的性质，为优化问题、经济分析等提供有力的支持。

## （六）函数、极限与连续

函数、极限与连续是高等数学的基本概念和核心内容。函数描述了两个变量之间的关系，可以是线性的，也可以是非线性的。在高等数学中，我们研究的函数往往比较复杂，需要运用多种方法和技巧来进行分析和处理。极限则是描述函数在某一点或无穷远处的取值情况，是数学分析中的重要概念。通过求解极限，可以了解函数在不同情况下的变化趋势和性质。而连续性是函数的一个重要性质，描述了函数在某一点或某一区间上的连续变化情况。如果函数在某一点处连续，那么它在该点处的极限值就等于函数在该点处的函数值。连续性是数学分析的基础，对于理解函数的性质、求解极限和积分等问题具有重要意义。

在函数、极限与连续的研究中，分段函数的复合函数是一项重要的内容。分段函数是由多个函数在不同区间上组合而成的，它的性质往往比较复杂。通过复合函数的研究，可以了解分段函数在不同区间上的性质，以及它们之间的相互影响。此外，极限的求解和函数的连续性也是这个领域的难点和重点。学生需要运用多种方法和技巧来求解极限，并判断函数在不同情况下的连续性。

## 二、高等数学项目的设计

### （一）明确目标

#### 1. 知识目标构建坚实的数学基础

在高等数学项目设计中，知识目标是整个项目的核心。教师致力于通过项目学习与实践，使学生全面、深入地掌握高等数学的核心知识与理论。一方面，教师应设定掌握基础数学知识的目标，包括但不限于微积分、线性代数、概率论与数理统计等。这些基础知识是后续学习与应用的基石，学生需通过系统学习，确保对每个知识点有准确的理解和熟练的掌握。另一方面，教师应注重让学生深度理解数学理论。不仅是掌握公式的推导和计算，更重要的是理解数学理论背后的逻辑和思想，如极限的收敛性、导数的几何意义、积分的物理应用等。通过深入探讨这些理论，学生能够建立起更加完善的知识体系。此外，教师应鼓励学生关注数学前沿动态，了解最新的数学研究成果和应用趋势。这不仅能够拓宽学生的视野，还能够激发他们对数学学习的兴趣，为未来的学术研究和职业发展奠定坚实的基础。

#### 2. 技能目标与情感态度目标，培养综合能力与积极态度

在技能目标方面，教师应注重培养学生的实际操作能力。通过编程实现、数据分析等实践环节，学生能够将数学知识应用于解决实际问题中，提高动手能力和问题解决能力。同时，教师应重视团队协作与沟通能力的培养，鼓励学生在项目过程中积极交流、协作，以形成良好的工作氛围。而在情感态度目标方面，教师应致力于激发学生对数学学习的热情和兴趣，通过有趣的项目设计和挑战性的任务设置，让学生在探索数学世界的过程中感受到乐趣和成就感。同时，教师应应强调培养学生坚韧不拔和勇于探索的精神。在面对数学难题时，学生应保持冷静、积极应对，不断尝试新的方法和思路，直到找到解决方案。教师应通过制订技能目标和情感态度目标的设定与培养，能够全面提升学生的综合素质和能力水平，使他们在掌握数学知识的同时，也具备解决实际问题的能力、良好的团队协作精神和积极向上的学习态度。

这将为他们的未来学术研究和职业发展奠定坚实的基础，助力其在数学领域取得辉煌的成就。

## （二）分解任务

### 1. 理论基础构建与公式推导小任务

在高等数学项目设计初期，首要关注的是理论基础的构建与核心公式的推导。这一环节是整个项目的基石，为后续的工作提供坚实的理论支撑。教师可将其细分为几个小任务，每个任务都聚焦于特定的数学理论或公式。第一个小任务是数学概念的梳理与界定，包括但不限于极限、导数、积分、级数等基础概念，要求学生深入研读相关教材与文献，确保对每个概念都有准确的理解。第二个小任务是公式推导与验证，针对项目中涉及的关键公式（如泰勒公式、格林公式等）进行详细的推导，并通过实例验证其正确性。第三个小任务是定理证明与拓展，选取与项目相关的数学定理进行证明，并尝试将其应用于新的情境或领域，以拓展数学工具的应用范围。每个小任务都要求学生提供详细的推导过程和证明步骤，形成规范化的文档，便于后续查阅与引用。这些小任务的完成，能够建立起项目所需的完整的数学框架，为后续的项目实施奠定坚实的理论基础。

### 2. 编程实现与数据分析小任务

在高等数学项目的设计中，编程实现与数据分析是不可或缺的一环。为了将理论知识转化为实际应用，应设计一系列编程与数据分析的小任务。

第一个小任务是算法设计与实现，要求根据项目需求，选择合适的算法进行编程实现，如数值积分算法、微分方程求解算法等。熟练掌握一种编程语言（如 Python、MATLAB 等）并能够编写清晰、可维护的代码。第二个小任务是数据收集与预处理，要求针对项目所需的数据进行收集、清洗和预处理，确保数据的质量和可用性。第三个小任务是数据分析与可视化，要求利用统计学方法和数据分析工具，对项目产生的数据进行深入分析，并通过图表、报告等形式直观地展示分析结果。每个小任务都设定了具体的输出要求（如代码注释、数据报告、可视化图表等）以确保工作的规范性和可追溯性。通过完成这些小任务，学生能够将数学理论与编程实践相结合，实现项目功能的落地，并通过数据分析为项目优化提供有力的支持。

### （三）制订详细的计划

#### 1. 时间计划制订

在高等数学项目的设计与实施过程中，一个详尽且切实可行的时间计划是项目成功的关键。基于此，可以将整个项目周期划分为若干阶段，每个阶段都设定具体的目标和任务。在项目开始时，学生应用一周时间进行项目背景调研和需求分析，确保项目方向与实际需求紧密相连。随后，进入理论学习与方案设计阶段，预计耗时两周，其间将组织多次小组讨论，集思广益，形成初步的项目设计方案。接下来是项目实施阶段，预计耗时三周，包括编程实现、数据分析和结果验证等环节。为确保项目质量，应进行为期一周的测试与优化，对项目进行全面检查和性能调优。项目总结与报告撰写阶段将用一周时间完成，整理项目成果，撰写详细报告，为项目评审做好准备。每个阶段都明确了"里程碑"和截止日期，并通过定期会议和进度汇报机制来跟踪项目进展，确保每个阶段的任务都能按时完成。

#### 2. 人员分工与协作

在高等数学项目设计中，合理的人员分工与高效的协作机制同样至关重要。根据项目需求，将学生分为几个小组，每个小组负责不同的任务模块，以确保工作的高效推进。项目小组组长负责整体协调与进度把控，确保项目按计划顺利进行。理论研究小组由数学基础扎实的成员组成，他们负责深入研究高等数学理论，为项目设计提供坚实的理论支撑。方案设计小组则负责将理论转化为实际方案，需具备创新思维和较强的实践能力。编程实现小组则根据项目方案进行代码编写和调试，确保项目功能的完美实现。数据分析小组负责对项目产生的数据进行分析和处理，为项目优化提供数据支持。此外，文档撰写小组负责整理项目文档和报告，确保项目成果的清晰呈现。各小组之间保持密切沟通与协作，通过定期召开小组会议和跨部门交流，及时分享项目进展和遇到的问题，共同寻找解决方案。同时，还应建立有效的信息共享机制，通过项目管理软件实时更新项目进展和文档资料，确保学生能够随时获取所需信息，提高工作效率。这样的人员分工与协作机制，能够充分发挥每个学生的优势，共同推动高等数学项目的顺利完成。

## （四）提供资源

### 1. 核心教材与参考书资源

在高等数学项目的设计与实施中，为学生精选核心教材与参考书是确保学习效果的关键一步。核心教材应系统覆盖高等数学的基础理论与方法，包括但不限于微积分、线性代数、概率论与数理统计等核心领域。这些教材应具备逻辑清晰、阐述详尽的特点，既适合初学者入门，又能为深入学习提供坚实的基础。同时，教材应包含丰富的例题与习题，帮助学生通过实践巩固所学知识，提升解题能力。除了核心教材，提供一系列参考书也是必不可少的。参考书可以是对核心教材内容的深化与拓展，也可以是介绍高等数学在某些专业领域应用的书籍。这些参考书应涵盖更广泛的数学概念、理论与方法，为学生提供多样化的学习视角。通过阅读参考书，学生不仅可以加深对高等数学知识的理解，还能了解数学在其他学科中的应用，拓宽视野，培养跨学科思维能力。

### 2. 网络资源与辅助学习工具

在信息化时代，网络资源已成为高等数学学习不可或缺的一部分，项目设计中应充分利用互联网的优势，为学生提供丰富的在线学习资源，包括在线课程视频、教学课件、习题解答等。在线课程视频可以让学生随时随地学习，反复观看难点部分，直到完全掌握。教学课件则为学生提供了清晰的知识框架，帮助他们快速回顾和复习。习题解答则能为学生提供解题思路与技巧，帮助他们克服学习中的困难。此外，还可以推荐一些辅助学习工具，如数学软件、在线计算器等。这些工具可以帮助学生进行复杂的数学计算，验证解题结果，提高学习效率。同时，它们还能帮助学生直观地理解数学概念，如通过图形展示函数的变化趋势，使抽象的概念变得具体可感。通过这些网络资源与辅助学习工具的结合使用，学生可以更加高效、灵活地掌握高等数学知识，为未来的学术研究和职业发展奠定坚实的基础。

# 三、高等数学项目的实施流程

## （一）项目启动

### 1. 项目背景阐述

高等数学项目的启动，需向学生详细阐述项目的背景。这一环节旨在让学生了解项目所处的学术环境、研究现状以及实际应用价值，从而激发他们对项目的兴趣和热情。教师通过介绍高等数学在科技、工程、经济等领域的重要应用，以及当前研究中的热点和难点问题，引导学生认识到项目的重要性和紧迫性，为后续的学习和研究奠定坚实的基础。

### 2. 目标设定与要求明确

在明确了项目背景后，接下来需要设定清晰、具体的项目目标。这些目标应涵盖知识掌握、技能提升、创新实践等多个方面的能力，旨在通过项目的实施，使学生全面、深入地掌握高等数学的核心知识与理论，并能够将其应用于解决实际问题中。同时，教师还需明确项目的要求和预期成果，如研究报告的撰写规范、编程实现的性能标准等，以确保项目高质量顺利完成。

### 3. 激发学习兴趣与积极性

为了让学生更加积极地投入项目中，教师还需采取有效的措施激发他们的学习兴趣和积极性，如邀请行业专家举办讲座、组织学术研讨会、展示优秀项目案例等。通过这些活动，学生不仅能够拓宽视野、了解前沿动态，还能够感受到高等数学的魅力和无限可能，从而更加主动地参与到项目的学习和实践中。

## （二）组建团队

### 1. 学生兴趣与能力分析

在组建团队之前，教师首先需要对学生的兴趣和能力进行全面分析，包括了解每个学生的专业背景、学习经历、兴趣爱好以及擅长的领域等。通过这些信息，教师可以更加准确地发现每个学生的潜力和优势，为后续的分组和任务分配提供有力的依据。

### 2. 团队分组与角色定位

基于学生的兴趣和能力分析，接下来进行团队分组。分组时，教师应遵循"优势互补、协同合作"的原则，确保每个团队都有合适的人员配置。同时，教师还需明确每个学生的角色和职责，如项目负责人、理论研究员、编程工程师、数据分析师等。这样不仅能够提高团队的工作效率，还能够让每个学生在自己擅长的领域发挥最大的价值。

### 3. 团队协作机制建设

一个优秀的团队不仅需要合适的人员配置，还需要建立良好的团队文化和协作机制。在团队组建初期，教师就应明确团队的目标和愿景，以及学生之间的相处之道。教师可通过组织团队建设活动、定期召开团队会议等方式，增强学生之间的凝聚力和协作能力。同时，教师可还需建立有效的沟通机制，确保学生之间能够及时、准确地传递信息，共同解决项目中遇到的问题。

### 4. 团队培训与能力提升

在项目实施过程中，学生的能力和素质是不断发展和提升的。因此，教师需重视团队培训和能力提升工作。团队培训与能力提升可以通过组织内部培训、参加外部研讨会、邀请专家指导等多种方式实现。这些培训活动，不仅能够提升学生的专业技能和知识水平，还能够增强他们的团队协作能力和解决问题的能力，为项目的顺利实施和高质量完成提供有力的保障。

## （三）任务分配

### 1. 任务细分

任务分配的第一步是对项目进行任务细分。这需要将整个项目拆分成若干个相对独立但又相互关联的子任务，每个子任务都应有明确的目标和输出要求。在细分任务的同时，还需要根据团队成员的特长和兴趣进行角色定位。

例如，擅长理论推导的成员可以负责数学模型的构建和求解；熟悉编程的成员可以负责算法的实现和数据的处理；而善于沟通和协调的成员则可以担任团队的项目经理，负责整体的进度管理和资源调配。

### 2. 责任明确

任务分配完成后，必须确保每个学生都清楚自己的职责和任务要求。这可以通过制定详细的任务说明书、召开任务分配会议等方式来实现。同时，为了保障项目的顺利进行，还需要建立有效的沟通机制。学生应定期召开项目进展汇报会，及时分享工作进展、遇到的问题和解决方案，以确保信息的畅通和团队的一致性。

### 3. 灵活调整与团队支持

在项目实施过程中，难免会遇到一些预料之外的问题和挑战。因此，任务分配并不是一成不变的，而是需要根据实际情况进行灵活调整。团队成员之间应保持开放和包容的态度，相互支持，共同应对挑战。当某个学生遇到困难时，其他学生应主动提供帮助，共同解决问题，以确保项目的顺利进行。

## （四）自主探究

### 1. 设定探究目标与计划

在自主探究开始之前，学生需要明确自己的探究目标和计划。这包括确定要解决的问题、所需的知识点和技能、探究的步骤和时间安排等。通过制订详细的探究计划，学生可以更加有目的地进行学习，提高学习效率。

### 2. 多元化学习资源与方法

自主探究的过程中，学生需要充分利用各种学习资源和方法。除了传统的教科书和课堂讲授外，教师还可以借助网络资源、学术文献、实践案例等进行教学。同时，学生还应尝试不同的学习方法，如阅读、讨论、实验、编程等，以找到最适合自己的学习方式，深化对高等数学知识的理解。

## （五）合作交流

### 1. 确立合作机制

在高等数学项目的实施过程中，合作交流是推动项目进展、解决问题的重要途径。首先，教师需明确学生的角色与责任，确保每位学生都清楚自己的任务与期望贡献。其次，教师建立定期会议制度，为学生提供一个固定的交流平台，及时分享进展、讨论难题。这种机制有助于形成团队合力，确保项目按计划顺利推进。

### 2. 促进深度交流

有效的合作交流不仅停留在表面，更需要深入挖掘问题本质。团队成员应鼓励彼此提问，对存在疑惑或难点的地方进行深入探讨。通过思想碰撞，学生往往能找到新的解题思路和方法。同时，教师应培养团队成员的倾听能力，尊重他人提出的意见，共同营造开放、包容的交流氛围。

### 3. 协作攻克难关

在项目实施过程中，难免会遇到难以解决的数学问题或技术障碍。此时，学生应携手合作，共同面对挑战。学生可以通过分组讨论、咨询专家、查阅资料等方式，集思广益，寻找最佳解决方案。这种协作不仅有助于问题解决，还能提高团队成员之间的默契与信任。

## （六）成果展示

### 1. 书面报告

书面报告是高等数学项目成果展示的重要形式之一，要求学生将项目研究过程、方法、结果以及遇到的挑战与解决方案等进行系统梳理和总结。撰写的书面报告应逻辑清晰、条理分明，确保读者能够轻松了解项目内容。同时，报告中的数学推导和结论应严谨准确，体现高等数学项目的学术价值。

### 2. 口头汇报

口头汇报是另一种重要的成果展示方式。它要求学生以简洁明了的语言，向听众传达项目核心内容和创新点。在口头汇报中，学生应注重语言表达的准确性和生动性，通过图表、动画等辅助手段增强汇报的吸引力。此外，学生还应预留足够的时间与听众进行互动，解答他们提出的问题，进一步展示项目的深度和广度。

### 3. 多媒体展示

随着信息技术的发展，多媒体展示已成为高等数学项目成果展示的新趋势。通过 PPT、视频、动画等多媒体形式，学生可以将抽象的数学概念和复杂的计算过程以直观、生动的方式呈现出来。这种展示方式不仅有助于观众更好地了解项目内容，还能激发学生的创新思维和想象力。在准备多媒体展示时，学生应注重内容的精练与形式的创新，力求在有限的时间内给观众留下深刻的印象。

# 第三节　问题导向教学在高等数学中的具体应用

## 一、创设问题情境

### （一）问题情境的构成要素

#### 1. 真实性

在高等数学教学中，创设问题情境是实施问题导向教学的关键策略之一。问题情境的精心设计，不仅能够激发学生的学习兴趣和求知欲，还能促使他们更深入地理解和掌握数学知识。真实性是指问题情境应与实际生活或科学研究紧密相连，让学生在解决问题的过程中感受到数学的实用性和价值。例如，在讲解微积分的应用时，教师可以通过分析物理问题中的速度、加速度等概念，创设一个真实的运动情境，让学生在解决具体问题的过程中掌握微积分的基本原理和方法。

#### 2. 挑战性

挑战性要求问题情境具有一定的难度和深度，能够引发学生的思考和探究欲望。过于简单的问题可能让学生感到乏味，而过于复杂的问题又可能让他们感到沮丧。因此，教师应根据学生的实际情况和教学目标，设计难度适中的问题情境，使学生在挑战中不断成长和进步。

3. **趣味性**

趣味性是吸引学生注意力、激发学习兴趣的重要因素。一个有趣的问题情境能够让学生在轻松愉快的氛围中学习数学知识，提高他们的学习积极性和参与度。教师可以通过引入生动的例子、有趣的数学故事或游戏等方式，使问题情境更加富有趣味性。在问题情境的引导下，学生会更加主动地思考和探究数学知识，形成积极的学习态度和习惯。同时，问题情境的创设也有助于提高学生的数学应用能力和解决实际问题的能力，为他们未来的发展奠定坚实的基础。

## （二）创设有效问题情境的方式

### 1. 深入挖掘数学教材

数学教材中蕴含着丰富的数学知识和思想方法，是创设问题情境的重要资源。教师应深入挖掘教材中的数学概念和原理，结合学生的实际情况和教学目标，创设具有启发性和探究性的问题情境。

### 2. 关注社会热点与科技发展

社会热点和科技发展与数学密切相关，为创设问题情境提供了丰富的素材。教师应关注当前的社会热点和科技发展动态，将其与数学知识相结合，创设具有时代感和前瞻性的问题情境。例如，在讲解概率论和数理统计时，教师可以结合当前的大数据分析和人工智能等热点话题，创设一个与数据处理相关的问题情境，让学生在解决实际问题的过程中，掌握概率论和数理统计的基本原理和方法。

### 3. 利用多媒体技术辅助教学

多媒体技术为创设问题情境提供了更加直观、生动的手段。教师可以利用动画、视频、虚拟现实等多媒体技术，将抽象的数学概念和原理以更加形象、具体的方式呈现出来，从而创设一个更加逼真、有趣的问题情境。例如，在讲解空间几何时，教师可以利用三维建模软件制作一个立体几何模型，让学生在虚拟的空间中观察和操作几何图形，从而更加深入地理解空间几何的概念和性质。

### 4. 鼓励学生参与问题情境的创设

学生不仅是问题情境的接受者，也是其创设者。教师应鼓励学生积极参与问题情境的创设过程，让他们根据自己的兴趣和需求创设具有创意的问题情境。这不仅能够激发学生的创造力和想象力，还能培养他们的自主学习能力和团队合作精神。

## 二、引导学生主动思考

### （一）问题导向教学中的主动思考

#### 1. 提问能够激发探索欲望

在高等数学的问题导向教学中，提问不仅是打开学生思维大门的钥匙，更是连接知识与应用的桥梁。教师需要精心设计问题，确保它们既具有足够的挑战性，以激发学生的探索欲，又不至于过于晦涩难懂，导致学生丧失信心。这类问题通常围绕数学概念的核心，或是理论在实际中的应用，旨在促使学生跳出传统框架，从不同的角度审视问题。

#### 2. 讨论促进深度思考

讨论是问题导向教学中不可或缺的一环，为学生提供了一个表达自我、相互启发的平台。通过小组讨论或全班交流，学生可以分享各自的解题思路，质疑他人的观点，从而在思想的碰撞中深化对知识的理解。教师可以将学生分成小组，每组负责探究一个具体问题。小组成员需分工合作，有人负责理论推导，有人负责实例验证，最后汇总成果向全班展示。这种模式不仅增强了学生的团队协作能力，还让学生在互助中学会了从不同的角度分析问题。在讨论过程中，教师应鼓励学生提出疑问，甚至对已有的结论进行质颖。通过辩论，学生可以更加全面地理解数学概念，养成批判性思维。

## （二）深化学习是主动思考的实践路径

### 1. 积极引导

问题导向教学的核心在于引导学生自主探究，即从提出问题到寻找答案的全过程。这一过程中，学生不仅获取了知识，还锻炼了学习能力。教师给出问题后，应鼓励学生独立或通过小组合作进行探究，引导学生利用教材、网络课程、学术论文等多种资源，主动寻找问题的答案。在这一过程中，学生不仅学会了解决问题，还培养了信息筛选和整合的能力。

### 2. 构建个人知识体系

主动思考的一个重要环节是反思与总结。在问题解决后，学生需要回顾整个解题过程，分析成功与失败的原因，提炼出有效的解题策略。这要求学生详细记录解题步骤、遇到的困难、解决策略及最终答案。这不仅有助于学生巩固所学知识，还能提升学生的逻辑表达能力和自我反思能力。教师应鼓励学生定期回顾之前学过的内容，将新旧知识联系起来，构建自己的知识体系。通过制作思维导图、总结笔记等方式，学生可以更好地掌握数学知识的整体框架，提高学习效率。

### 3. 教师身份从传授者到引导者的转变

在问题导向教学中，教师的角色从传统知识的传授者转变为学生学习的引导者和促进者。教师需要具备高度的耐心和敏锐的观察力，适时介入学生的讨论，提供必要的指导和反馈。当学生遇到难以逾越的障碍时，教师应通过提问、提示或提供额外的学习材料，帮助学生找到突破口，而不是直接给出答案。而且，教师应基于每个学生的学习能力和兴趣点，提供个性化的学习建议，鼓励学生按照自己的节奏和方式探索数学世界。

# 三、注重合作学习

## （一）合作学习的主要步骤

### 1. 构建知识共同体

在高等数学的学习中，面对复杂的问题和抽象的概念，学生往往感到力不从心。通过小组合作，学生可以将各自的知识和技能进行互补，共同面对学习挑战。在小组内，学生可以分工合作，形成一个高效的知识共同体。这种合作方式不仅能够提高解决问题的效率，还能让学生在合作中相互学习，共同进步。

### 2. 交流讨论

在高等数学的学习中，许多问题没有唯一的答案，甚至没有固定的解题思路。通过交流讨论，学生可以分享各自的解题思路和方法，相互启发，产生思维碰撞。在讨论中，学生可以学会从不同的角度思考问题，拓宽解题思路，提高解决问题的能力。同时，交流讨论有助于培养学生的表达能力和沟通能力，为他们未来的发展奠定坚实的基础。

### 3. 成果分享，促进知识内化

成果分享是合作学习的最后一步，也是至关重要的一步。在小组合作和交流讨论后，每个小组都会形成自己的解题思路和得出答案。通过成果分享，学生可以将自己的学习成果展示给其他同学，接受他们的评价和反馈。这种分享不仅能够让学生对自己的学习成果有更清晰的认识，还能让他们在分享中进一步内化知识，巩固所学内容。同时，成果分享也有助于提高学生的自信心和成就感，激发他们的学习动力。

## （二）基于合作学习的问题导向教学

### 1. 精心设计合作任务

合作任务的设计是合作学习的关键。教师应根据教学内容和目标，设计具有挑战性、探究性和趣味性的合作任务，让学生在合作中能够充分发挥自己的想象力和创造力。同时，合作任务还应具有明确的目标和分工，以确保每个学生都能在合作中发挥自己的优势，为合作任务的完成贡献力量。

### 2. 培养学生的合作技能

合作技能是合作学习的基础。教师应在教学过程中注重培养学生的倾听能力、表达能力、协作能力和创新能力等。例如，教师可以通过组织小组讨论、角色扮演等活动，让学生在实践中锻炼自己的合作技能。同时，教师还需要引导学生学会在团队中发挥自己的优势，尊重他人的意见和贡献，共同为团队的成功而努力。

### 3. 加强合作过程的指导

合作过程的指导是合作学习成功的关键，教师应密切关注学生在合作过程中的表现，及时给予指导和帮助。例如，当学生在合作中遇到困难时，教师可以引导他们分析问题，寻找解决方案；当学生在合作中产生分歧时，教师可以帮助他们学会倾听和尊重他人的意见，寻求共识。同时，教师还需要注重培养学生的自主学习能力和批判性思维，让他们在合作中能够独立思考，敢于质疑和创新。

### 4. 营造积极的合作氛围

合作氛围是合作学习成功的重要条件，教师应营造一个开放、包容、互助的学习氛围，鼓励学生积极参与合作学习活动，勇于表达自己的想法和意见。同时，教师还需要注重培养学生的团队精神和责任感，让他们在合作中学会相互支持、相互帮助，共同面对挑战和困难。这种积极的合作氛围不仅能够让学生在合作中感受到快乐和成就感，还能让他们在合作中不断成长和进步。

## 四、鼓励创新

### （一）设置开放性问题，点燃创新火花

在高等数学的问题导向教学中，传统的教学往往侧重于封闭性问题的解决，这些问题通常有固定的答案和解题步骤，不利于培养学生的创新思维。而开放性问题则不同，它们没有唯一的答案，甚至可能没有固定的解题思路，为学生提供了广阔的思维空间和更多的创新机会。教师应鼓励学生从多个角度、用多种方法去探索问题，勇于尝试新的解题思路和方法。在探索过程中，学生不仅能够深入理解数学知识的本质，还能锻炼创新思维和解决问题的能力。同时，开放性问题还能激发学生的学习兴趣和好奇心，使他们在解决问

题的过程中体验到创新的乐趣和成就感。

### （二）组织创新竞赛，激发创新潜能

高等数学问题导向教学可以借鉴这一形式，定期举办创新解题竞赛或数学建模竞赛等活动。在这些竞赛中，学生需要运用所学的数学知识，结合创新思维和实际问题，提出独特的解决方案。这样的竞赛不仅能够考查学生对数学知识的掌握程度和应用能力，还能激发他们的创新潜能和团队合作精神。在竞赛的准备过程中，学生会主动查阅资料、学习新知识，甚至尝试跨学科合作。这为他们的创新思维提供了丰富的养料。同时，竞赛的紧张氛围和成就感也会激励学生不断挑战自我，追求更高的创新目标。通过这种形式的实践锻炼，学生的创新思维和解决问题的能力将得到显著提升，为未来的学术研究和职业发展奠定坚实的基础。

## 第四节　项目式学习与问题导向教学的效果分析

### 一、高等数学中项目式学习效果分析

#### （一）知识掌握与应用能力的提升

##### 1. 项目式学习助力学生掌握数学知识

高等数学中的项目式学习，打破了传统课堂单向传授知识的模式，让学生在实践中探索、理解并掌握知识。在项目式学习中，学生不再是被动接受知识的"容器"，而是成为主动探索知识的主体。他们面对的是具有实际背景的问题，这些问题往往复杂且多变，需要运用多种数学知识和方法来解决。通过不断尝试、修正和完善，学生逐渐找到解决问题的最佳方案。在这个过程中，他们不仅加深了对数学知识的理解，还学会了将数学知识应用于实际情境中。这种学习方式消除了传统教学中理论与实践脱节的弊端，让学生在解决实际问题中真正体会到数学的魅力和价值。

## 2. 项目式学习有助于提升学生的数学应用能力

项目式学习在高等数学中的应用，不仅有助于学生深入理解数学知识，更能显著提升他们的数学应用能力。在项目实施过程中，学生需要将抽象的数学知识转化为具体的解决方案。这一过程要求他们具备较强的数学知识应用意识和能力。而要将实际问题抽象为数学问题，学生就要从复杂的现实情境中提取出关键信息，用数学语言进行描述，并建立相应的数学模型。这一过程锻炼了学生的抽象思维能力和数学建模能力，使他们能够更加灵活地运用数学知识解决实际问题。并且，在项目实施过程中，学生需要运用所学的数学知识进行复杂的计算和分析，以验证和优化解决方案。这一过程提高了学生对数学知识的应用能力。此外，项目式学习通过实战演练的方式，让学生在解决实际问题的过程中不断提升数学应用能力。通过不断实践和应用，学生逐渐形成了用数学知识解决问题的思维习惯和能力，为他们未来的学习和工作奠定了坚实的基础。

## （二）创新思维与实践能力的培养

### 1. 培养创新思维是项目式学习的主要目的

传统教学模式往往侧重于理论知识的灌输和固定解法的演练，而项目式学习则鼓励学生跳出框架，勇于尝试新的思路和方法。在高等数学领域，许多复杂问题的解决并非依靠单一的公式或定理，而是需要学生具备独特的视角和创新的解法。项目式学习为学生提供了一个广阔的平台，让他们在实践中不断探索、试错、反思，从而培养出敏锐的创新思维和解决问题的能力。学生通过参与项目，学会从不同的角度审视数学问题，跳出传统的思维定式，学会用多元视角去分析和解决问题。在项目的推进过程中，学生需要综合运用所学知识，进行创造性思考，尝试将理论知识与实际问题相结合，提出新颖且切实可行的解决方案。这种创造性的思考过程，不仅加深了学生对数学原理的理解，更激发了他们的创新潜能，为未来的学术研究和职业发展奠定坚实的基础。

### 2. 项目式学习铸就实践高手

在高等数学的学习中，理论知识的掌握固然重要，但将知识应用于解决实际问题的能力同样不可或缺。项目式学习通过设计一系列实践环节，如动手操作、实验验证、模拟演练等，让学生亲身体验知识的应用过程，从而加深对数学原理的理解和掌握。在实践环节中，学生需要亲自动手进行操作。这不仅锻炼了他们的动手能力，还培养了其实验设计、数据分析和问题解决能力。通过实践，学生能够直观地看到数学理论在实际问题中的应用效果，从而增强学习的趣味性和实用性。同时，实践环节中的挑战和困难也激发了学生的求知欲和探索精神，促使他们不断寻求新的知识和方法，以更好地解决实际问题。这种实践能力的培养，不仅为学生未来的职业发展提供了有力的支持，更为他们成为具有创新精神和实践能力的高素质人才奠定了坚实的基础。

## （三）学习兴趣与动机的激发

### 1. 激发学习兴趣是项目式学习的魅力

在高等数学的传统教学中，学生往往面对的是一连串抽象的概念、复杂的公式和烦琐的计算，这些很容易让学生感到枯燥乏味，甚至产生畏难情绪。而项目式学习以其独特的魅力，成功地激发了学生对高等数学的学习兴趣。通过将数学知识融入实际项目中，项目式学习让学生看到了数学知识的实用性和魅力所在。高等数学不再仅仅是一门需要死记硬背的学科，而是成为解决实际问题的有力工具。学生在参与项目的过程中，能够亲身感受到数学知识的应用价值，从而提高学习兴趣。在项目式学习的推动下，学生开始主动探索数学知识，不再是被动地接受教师的灌输，而是积极地寻求问题的答案，享受探索的乐趣。这种转变不仅提高了学生的学习效率，更让他们在学习高等数学的过程中找到了乐趣和成就感。

### 2. 项目式学习激发的学生学习动机

学习动机是推动学生学习的重要力量，而项目式学习在高等数学中的应用，成功地激发了学生的学习动机，使学生实现了从被动学习到主动学习的转变。在传统的教学模式下,学生的学习动机往往来源于外部的压力和对优异成绩的追求,是短暂且不稳定的。而项目式学习则通过让学生参与实际项目,让他们从内心深处产生对学习的渴望和需求。在项目式学习中,学生需要运用所学的数学知识解决实际问题。这种具有挑战性和实用性的学习让他们感受到了学习的意义和价值。为了完成项目任务,学生会主动学习新知识,探索新的解题方法,这种内在的学习动机持久且强大。

## 二、高等数学中问题导向教学的效果分析

### (一)学生思维能力与问题解决能力的提升

#### 1. 思维能力跃升,是问题导向教学催化的结果

问题导向教学在高等数学中的应用,如同催化剂,有力地推动了学生思维能力的跃升。这种教学模式通过精心设计具有挑战性和启发性的问题,打破了传统教学中的被动接受模式,引导学生主动思考、积极探索。在这样的教学环境中,学生的批判性思维得到了极大的锻炼。他们不再盲目接受书本上的知识,而是学会质疑、分析,甚至挑战现有的理论。同时,问题导向教学还激发了学生的创造性思维。面对复杂的问题,学生需要跳出传统的思维框架,从多个角度、用多种方法去探索解决方案。这种探索过程不仅锻炼了学生的思维灵活性,还培养了他们的创新意识和能力。在问题导向教学的引导下,学生的思维能力得到了全面提升,这为他们未来的学术研究和职业发展奠定了坚实的基础。

#### 2. 问题导向教学对于学生问题解决能力的锤炼

在高等数学的学习中,学生常常需要面对各种复杂的问题。这些问题不仅能考查他们的数学知识,更能考查他们运用知识解决实际问题的能力。问题导向教学通过让学生参与实际问题的解决过程,促使他们将所学的数学知识与实际情况相结合,进行逻辑推理、分析综合和判断决策。在这个过程中,学生学会了分析问题、制定解决方案、验证结果。这些技能对于他们未来的学习和工作至关重要。同时,问题导向教学还鼓励学生通过团队合作来解决

问题，不仅锻炼了学生的沟通能力，还培养他们的团队协作精神和责任感。通过问题导向教学的不断锤炼，学生的问题解决能力得到了显著提升，他们能够更加自信地面对各种挑战，成为具备创新精神和实践能力的人才。

## （二）自主学习能力与合作交流能力的提高

### 1. 自主学习能力是问题导向教学的基石

问题导向教学在高等数学教育中展现出独特的魅力，其核心在于鼓励学生自主学习，培养他们独立思考和独立解决问题的能力。在这种教学模式下，学生不再是被动接受知识的"容器"，而是成为主动探索知识的"探险者"。面对一个数学问题，学生首先需要自主查阅资料。这一过程不仅锻炼了他们的信息检索能力，还让他们学会了从浩瀚的知识海洋中筛选出有价值的信息。紧接着，学生需要对这些信息进行深入分析，找出问题的关键所在，并提出合理的假设。这一环节考查了学生的逻辑思维能力和批判性思维，促使他们不断追问、不断思考。在提出假设后，学生还需要通过实践来验证其正确性。这一过程可能是曲折的，学生可能遇到种种困难和挑战，但正是这些困难激发了他们不断探索、不断尝试的勇气。通过反复验证和调整，学生不仅能够找到问题的解决方案，还能够在此过程中深化对数学原理的理解，掌握更多的解题技巧。这种自主学习的方式，培养了学生的独立思考能力与自我解决问题的能力。

### 2. 合作交流能力是问题导向教学的催化剂

在问题导向教学过程中，学生需要与同伴进行深入讨论和交流，分享彼此的想法和见解。这种合作交流不仅有助于拓宽学生的思路，还能够激发他们的创新思维。通过倾听他人的观点，学生能够从不同的角度审视问题，发现自己可能忽视的细节或盲点。同时，通过向他人解释自己的观点，学生能够进一步梳理自己的思路，加深对数学原理的理解。在合作交流中，学生还需要学会与他人协作，共同完成任务。这要求他们具备良好的沟通能力和团队协作精神。通过分工合作，学生能够充分发挥各自的优势，共同攻克数学难题。这种协作过程不仅培养了学生的团队合作能力，还让他们学会了在团队中发挥自己的优势，为未来的职业生涯做好准备。此外，在交流中，学生可以学习到他人的优点和长处，从而不断完善自己，提升自己的综合素质和能力水平。因此，合作交流能力是问题导向教学中不可或缺的一部分，像催化剂一样，推动着学生在数学学习的道路上不断前行。

## （三）教学质量与教学效果的提升

### 1. 教学质量提升是问题导向教学发挥作用的结果

在高等数学教育中，问题导向教学促进了教师角色的转变。教师不再是单纯的知识传授者，而是成为学生学习的引导者和促进者，通过设计问题、提供资源、引导讨论等方式，为学生营造了一个充满挑战和探索的学习环境。在这种环境下，教师能够更准确地了解学生的学习需求和困难，从而有针对性地进行指导和帮助，提高教学的针对性和有效性。此外，问题导向教学还注重数学知识的实际应用。通过解决实际问题，学生能够将抽象的数学知识与现实生活相联系，加深对知识的理解和掌握。这种教学方式不仅提高了学生的数学应用能力，还让他们认识到学习数学的价值和意义，从而更加积极地投入学习中。

### 2. 教学效果显著是问题导向教学的实践成果

通过问题导向教学，学生能够更加深入地理解数学知识，掌握数学方法，提高解题能力和数学应用能力。这些能力的提升直接反映在他们的学习成绩上。而且，通过解决实际问题，学生能够感受到数学知识的实用性和趣味性，从而更加喜欢数学，更加积极地投入学习中，显著提升教学效果。

# 第七章　高等数学教学中的评价与反馈机制

## 第一节　多元化评价体系的构建原则

### 一、多元化评价方法

#### （一）定量评价与定性评价相结合

定量评价主要通过考试成绩、作业完成情况等客观数据来评价学生的学习情况，这种评价方式具有客观性强、易于操作等优点，能够直观地反映学生的学习成果。而定量评价存在一定的局限性，它往往只能反映学生的知识掌握情况，而无法全面评价学生的技能运用、思维发展等方面的情况。定性评价则通过观察、访谈、作品展示等方式进行，更加注重学生的个性化发展和创新能力提升。定性评价能够深入挖掘学生的学习潜力和特长，为教学提供更为丰富的信息。然而，定性评价存在主观性强、操作复杂等问题，需要教师在评价过程中保持客观公正的态度。因此，在高等数学教学中，教师应将定量评价和定性评价相结合，取长补短，共同构成全面、准确的评价体系。定量评价可检验学生的知识掌握情况，定性评价可发掘学生的潜力和特长，从而为学生提供更加个性化的教学指导。

## （二）过程性评价与终结性评价并重

过程性评价关注学生的学习过程和学习态度，强调及时反馈和调整，有助于教师及时了解学生的学习情况，发现存在的问题，并及时调整教学策略。在高等数学教学中，过程性评价可以通过课堂观察、作业批改、小组讨论等方式进行。教师可以通过这些方式了解学生的学习进度、解题思路、合作能力等，为教学提供有针对性的指导。终结性评价则更侧重于学生的学习成果，通常在课程结束后进行，以考试成绩为主要依据。终结性评价能够全面反映学生在整个课程中的学习情况，为教学评估提供重要依据。然而，终结性评价存在一定的局限性，往往只能反映学生的最终学习成果，无法全面反映学生的学习过程和学习态度。因此，在高等数学教学中，教师应兼顾过程性评价和终结性评价，既关注学生的学习成果，又关注学生的学习过程和学习态度。过程性评价有助于教师及时发现并解决问题，终结性评价有助于教师全面评估学生的学习成果，从而为教学改进提供有力的支持。

## （三）形成性评价与表现性评价相结合

形成性评价强调及时反馈和调整，关注学生在学习过程中的表现和发展，旨在促进学生的自我改进和持续发展。在高等数学教学中，形成性评价可以通过课堂互动、小组讨论、在线测试等方式进行。教师可以通过这些方式了解学生的学习情况，及时给予反馈和指导，帮助学生调整学习策略和方法。表现性评价则注重学生在特定情境中的表现，强调学生的实践能力和创新能力。在高等数学教学中，表现性评价可以通过项目设计、实践操作、创新竞赛等方式进行。这些活动能够让学生在实践中运用所学知识，培养他们的实践能力和创新能力。因此，在高等数学教学中，教师应将形成性评价和表现性评价相结合，既关注学生的自我改进和持续发展，又注重培养学生的实践能力和创新能力。形成性评价有助于促进学生的自我反思和自我改进，表现性评价则有助于提升学生的实践能力和创新能力，从而为学生的全面发展提供有力的支持。

## 二、评价内容的全面性

### (一) 综合多方面内容

#### 1. 知识与理解

虽然在高等数学教学评价中,知识的掌握程度仍然是一个重要的评价指标,但这远非全部。评价内容应包括学生对基本概念、公式、定理的理解和应用能力。而这种理解不仅是记忆和复述,更重要的是学生能够将这些知识灵活运用到实际问题的解决中,展现出他们分析和解决问题的能力。

#### 2. 思维能力发展

高等数学的教学不仅是传授知识,更重要的是培养学生的思维能力。因此,评价内容应涵盖学生的逻辑推理能力、抽象思维能力、创新思维能力等。例如,教师通过观察学生解决复杂问题的过程,评价学生是否能够运用数学方法进行合理的推理和判断,是否能够提出新的解题思路和方法。

#### 3. 学习态度与习惯

学生的学习态度和习惯对于高等数学的学习至关重要。评价内容应包括学生学习的主动性、自律性、合作性等方面。教师通过观察学生在课堂上的表现、作业完成情况以及在小组讨论中的参与度,可以评估学生的学习态度和习惯,从而为他们提供更有针对性的指导和帮助。

#### 4. 实践能力

高等数学的教学不应仅停留在理论层面,还应注重培养学生的实践能力。评价内容应包括学生将数学知识应用于解决实际问题的能力,如数学建模、数据分析等。教师通过学生完成实践项目的情况,可以评估学生的实践应用能力,进而指导他们将理论知识转化为实际操作技能。

### (二) 考虑个体差异

#### 1. 基础差异

不同学生的数学基础可能存在显著差异。对于基础较弱的学生,教师评价时应更注重他们在学习过程中的进步和努力，而不是仅仅与基础较好的学生进行比较。通过设定不同的评价标准，教师可以鼓励基础较弱的学生逐步提高自己的数学水平，同时避免他们因无法达到过高标准而产生挫败感。

### 2. 能力差异

除了基础差异外，学生的数学学习能力也存在显著差异。一些学生可能在逻辑推理方面表现出色，而另一些学生可能在空间想象或数据分析上表现更为突出。评价时，教师应根据学生的能力特点进行有针对性的评价，鼓励其在自己擅长的领域发挥优势，同时帮助他们弥补不足。

### 3. 学习风格差异

学生的学习风格也是多样化的。一些学生可能更喜欢通过阅读和思考来学习，而另一些学生则更喜欢通过实践和讨论来掌握知识。评价时，教师应尊重学生的学习风格差异，为他们提供多样化的评价方式和方法。例如，对于喜欢阅读的学生，教师可以通过书面作业和报告来评价他们的学习情况；对于喜欢实践的学生，教师则可以通过实验项目和实际操作来评估他们的学习效果。

### 4. 个性化评价标准

为了更准确地反映学生的学习情况，评价时应采用个性化的评价标准。这意味着评价标准应根据每个学生的实际情况进行定制，而不是采用统一的标准来评价所有学生。教师通过个性化评价标准，可以更公正地评价学生的学习成果，同时为他们提供更有针对性的反馈和建议。

## 三、评价标准的可行性

### （一）符合实际需要

#### 1. 以学生为中心，关注全面发展

高等数学教学评价标准的制定，首要原则是以学生为中心，关注学生的全面发展。这就意味着评价标准不仅要考查学生对数学知识的掌握程度，更要关注他们的学习能力、分析解决实际问题的能力以及创新思维的培养。在实际操作过程中，要求评价标准具有全面性和综合性，能够真实反映学生的

数学素养和综合能力。同时，评价标准还需符合学生的实际需要，既不过高也不过低，确保学生在努力后能够达到预期目标，从而激发他们的学习积极性和自信心。

### 2. 紧密结合教学实际，体现可行性

高等数学教学评价标准的制定还需紧密结合教学实际，体现可行性。这要求标准在制定过程中要充分考虑高等数学的教学特点、学生的学习状况以及教学资源等实际情况。评价标准应该具有可操作性，能够在教学过程中得到有效实施。同时，标准还应具有一定的灵活性，以适应不同教学环境和学生个体差异的需求。通过科学合理的评价体系，教师可以更加准确地了解学生的学习情况，为教学提供有针对性的指导，从而提高教学效果和学生的学习质量。

## （二）易于操作和执行

### 1. 简洁明了的评价标准

高等数学教学评价标准的简洁明了是确保其实用性的关键。评价标准应该避免烦琐复杂的表述，采用简洁明了的语言，使教师和学生能够迅速理解并掌握。这样，教师在进行评价工作时可以更加高效准确，学生也能够更清晰地了解自己的学习情况和需要改进的地方。简洁明了的评价标准还有助于评价过程中的主观性和随意性，提高评价的客观性和公正性。

### 2. 便于操作的评价流程

除了评价标准简洁明了外，便于操作的评价流程是确保评价标准实用性的重要因素。评价流程应该设计得合理且易于执行，包括评价内容的确定、评价方法的选择、评价数据的收集与分析以及评价结果的反馈等各个环节。在评价内容的确定上，应紧密结合高等数学的教学目标和学生的实际需求，确保评价内容的针对性和有效性。在评价方法的选择上，应采用多样化的评价方式，如课堂观察、作业分析、测试评估等，全面客观地评价学生的学习情况。同时，评价数据的收集与分析也应采用科学有效的方法，确保评价结果的准确性和可靠性。评价结果的反馈应及时且具体，以便学生能够及时了解自己的学习状况并进行调整，以便教师能够根据评价结果改进教学方法和策略。

### 3. 促进教师与学生共同发展的评价机制

一个易于操作和执行的高等数学教学评价标准，应能够促进教师与学生的共同发展。这要求评价机制不仅要关注学生的学习成果，还要关注教师的教学效果和专业成长。通过评价，教师可以了解自己的教学方法和策略的效果，从而及时调整和改进。同时，学生也可以从评价中获得反馈和建议，明确自己的学习方向和目标。这种双向的评价机制有助于建立和谐的师生关系，促进教学相长，共同提高高等数学教学质量和学生的学习成效。

# 第二节  学生自评、互评与教师评价的结合方式

## 一、学生自评方式

### （一）自我反思日记

自我反思日记是学生自评的一种重要方式，要求学生定期撰写，记录自己的学习过程、遇到的困难、解决策略以及制订未来的学习计划。这种反思不仅有助于学生回顾和总结自己的学习情况，还能促进他们深入思考学习方法和策略的有效性。在撰写反思日记时，学生可以详细记录每天或每周的学习活动，包括课堂参与、课后复习、作业完成情况等。他们可以反思自己在学习过程中遇到的难题，分析原因，并尝试提出解决策略。此外，学生还可以评估自己时间管理的有效性，思考是否合理安排了学习和休息时间。通过反思课堂参与程度，学生可以认识到自己在课堂上的表现，如是否积极发言、参与讨论等，从而调整自己的学习态度和行为。自我反思日记能够帮助学生逐渐培养自我反思的习惯，提高他们的自我认知能力和学习自主性。

### （二）自我评估量表

自我评估量表是一种量化打分的自评方式。它设计或使用现有的量表，对学习成果、技能掌握、学习态度等方面进行评估。这种量表通常包括具体

的学习目标、达成标准的描述以及相应的评分等级。通过填写自我评估量表，学生可以对自己的学习情况进行客观、全面的评价。在设计自我评估量表时，学生可以参考教师提供的课程目标和学习要求，结合自身的实际情况，制定适合自己的评估标准。例如，在学习成果方面，学生可以评估自己对知识点的掌握程度、解题能力、应用能力等；在技能掌握方面，他们可以评估自己的计算能力、逻辑思维能力、创新能力等；在学习态度方面，他们则可以评估自己的学习主动性、持续性、合作性等。通过量化打分，学生可以更直观地了解自己的学习状况，发现自身的优势和不足，从而有针对性地调整学习策略，提高学习效果。

### （三）作业自评

作业自评是学生在完成作业后进行的一种自我评估。通过从内容质量、创新性、逻辑性、时间管理等方面对作业进行自我评估，学生可以深入了解自己的作业完成情况，发现自身的优点和不足，并提出改进建议。在内容质量方面，学生可以评估自己的作业是否准确、完整，是否符合题目要求；在创新性方面，学生可以思考自己的作业是否有独特的见解或创意；在逻辑性方面，学生可以检查自己的作业是否条理清晰、逻辑严密；在时间管理方面，学生则可以评估自己是否合理安排了作业时间，是否高效完成了作业。通过作业自评，学生可以及时发现并纠正自己的错误，提高作业质量。同时，这种自评方式还能帮助学生培养批判性思维和自我提升的能力，为他们的终身学习奠定坚实的基础。

### （四）目标设定与达成度评估

在高等数学学习初期，学生应明确自己的学习目标。这些目标需要具体、可衡量，并与课程内容紧密相关。例如，学生可能设定掌握某一章节的所有概念、提高解题速度至某一水平或完成特定难度的练习题等目标。这些目标的设定不仅有助于学生保持正确的学习方向，还能激发其学习动力。随着学期的推进，学生需要不断对照这些目标，检查自己的学习进度。通过自我监测，学生可以及时发现学习中的不足，并调整学习策略。学期末时，学生应进行一次全面的自我评估，判断各项目标的达成度。在这一过程中，学生需要客观分析自己的表现，识别哪些目标已达成，哪些目标尚未达成，并深入反思未达成目标的原因。这种反思不仅有助于学生认识自己的学习短板，还能为未来的学习提供宝贵的经验。通过目标设定与达成度评估，学生可以培养自我管理能力，提高学习效率。同时，这一过程也可以促使学生形成积极的学习态度，从"要我学"转变为"我要学"，从而在高等数学学习中取得更好的成绩。

### （五）在线自评工具

随着信息技术的不断发展，在线自评工具在高等数学学习中发挥着越来越重要的作用。这些工具通常集中在在线学习平台或应用程序中，为学生提供即时、个性化的学习反馈。例如，学习进度追踪功能可以帮助学生实时了解自己的学习情况，包括已完成的课程章节、已掌握的知识点等。这种即时的反馈有助于学生及时调整学习计划，确保学习进度与课程目标保持一致。此外，能力测试是在线自评工具的一大亮点。能力测试通常根据课程内容设计，涵盖各个知识点和难度层次。通过参与测试，学生可以全面评估自己的学习效果，发现潜在的薄弱环节。更重要的是，这些测试往往提供详细的解析和个性化的学习建议，帮助学生针对性地进行复习和提升。在线自评工具的优势在于其便捷性和个性化。学生可以随时随地进行自我评估，无须等待教师的反馈。同时，这些工具根据学生的学习数据和表现提供个性化的建议，使学习更加高效和有针对性。因此，在高等数学学习中，学生应充分利用在线自评工具，提升自己的学习效果。

### （六）口头自我反馈

口头自我反馈是高等数学学生自评方式中不可或缺的一环。学生通过口头形式向教师或同学表达自己的学习感受、进步和需要改进的地方，不仅可以获得即时的反馈和建议，还能提高自己的口头表达能力和自信心。在课堂上，教师应鼓励学生主动发言，分享自己的学习心得和解题思路。这种分享不仅有助于学生巩固所学知识，还能激发其他同学的学习热情。同时，通过听取他人的意见和建议，学生可以更好地了解自己的学习状况，找到提升学习成绩的方向。此外，学生还可以与教师进行一对一的交流，向教师反馈自己的学习情况、遇到的困难以及需要的帮助。教师可以根据学生的反馈提供针对性的指导和建议，帮助学生克服学习障碍。这种个性化的指导对于学生来说是非常宝贵的资源，有助于他们在高等数学学习中取得更好的成绩。

## 二、学生互评方式

### （一）作业互评

作业互评是学生互评方式的重要组成部分。在这一环节中，学生提交作业后，教师随机将作业分配给其他学生进行互评。评价内容不仅涵盖作业的正确性和完整性，还特别注重作业的创新性和书写规范。通过互评，学生能够清晰地认识到自己在作业中的优点和不足，这有助于他们及时调整学习策略，弥补知识漏洞。同时，学生也可以从他人的作业中汲取经验，学习到不同的解题思路和方法，拓宽自己的知识视野，提升解题能力。作业互评不仅促进了学生之间的学习交流，还激发了他们的学习动力，促进了整体学习水平的提升。

### （二）课堂表现互评

课堂表现互评是提升学生课堂参与度和表达能力的有效手段。在课堂上，教师安排学生进行小组展示或个人发言，随后由其他学生根据内容的质量、表达的清晰度、逻辑性等进行互评。这种互评方式能够鼓励学生积极参与课堂活动，主动展示自己的学习成果和思考过程。在互评过程中，学生需要认真倾听他人的观点，分析并给出评价。这既锻炼了他们的听力理解能力，又提高了他们的口头表达能力。同时，通过互评，学生还能够学会客观、公正地评价他人的表现，培养了批判性思维和团队协作能力。

### （三）在线互评平台

随着网络技术的不断发展，在线互评平台成为学生互评的新方式。学生可以在平台上提交作业或学习成果，并互相评价。平台提供的匿名评价功能，让学生能够更加客观地做出评价，避免了因个人情感或身份因素导致的评价偏见。同时，平台还可以记录学生的评价历史，方便教师随时跟踪和评价学生的互评表现。在线互评平台不仅打破了时间和空间的限制，使学生可以随时随地进行互评，还提高了互评的效率和准确性。通过在线互评，学生能够更加深入地了解自己的学习情况，及时调整学习策略，实现自我提升。

### （四）互评反馈会议

为了进一步深化学生互评的效果，定期组织互评反馈会议是必不可少的环节。在会议上，学生面对面地交流互评心得，分享自己在互评过程中的收获、遇到的问题以及改进建议。这种面对面的交流方式，能够让学生更加深入地理解互评的意义和价值，增强他们的互评意识和能力。同时，教师的参与和指导也是互评反馈会议的重要组成部分。教师可以提供具体的评价标准和方法，帮助学生更加准确地进行互评；还可以针对学生在互评中遇到的问题和困惑，给出有针对性的建议和解决方案。通过互评反馈会议，学生不仅能够提升自己的互评能力，还能够学会与他人有效沟通，促进团队合作和共同进步。

## 三、教师评价方式

### （一）常用评价方式

#### 1. 平时成绩评价

在高等数学教学中，平时成绩评价尤为重要，因为它能够反映学生的日常学习态度和努力程度。教师可以根据学生的课堂笔记、作业解答过程、小组讨论贡献等，给予学生相应的平时成绩评价。这种评价方式有助于激励学生保持持久的学习动力，避免出现"临时抱佛脚"的现象。而平时成绩评价也存在一定的主观性，教师的判断标准和评价尺度可能因个人差异而有所不同。因此，教师需要制定明确的评价标准，并尽可能做到公平、公正，确保评价结果的客观性和准确性。

### 2. 期中与期末考试评价

在高等数学教学中，考试通常包括理论题和计算题，旨在全面考查学生对知识点的掌握情况、解题能力和逻辑思维能力。通过考试评价，教师可以了解学生在特定时间段内的学习效果，为后续的教学调整提供依据。期中与期末考试评价的优势在于其客观性和可比性。由于考试内容相对固定，评分标准明确，因此评价结果具有较高的信度和效度。然而，这种评价方式也可能导致学生产生应试心理，过分关注考试成绩而忽视学习过程。因此，教师在设计考试时，应注重题目的多样性和创新性，鼓励学生运用所学知识解决实际问题，培养其综合应用能力。

## （二）现代多元化评价方式

### 1. 项目式学习评价

在高等数学教学中，教师可以通过设计具有挑战性的项目任务，如数学建模、数据分析等，让学生在完成项目的过程中运用所学知识解决问题。项目式学习评价不仅关注项目的最终成果，还重视学生在项目实施过程中的表现，如问题分析能力、团队协作能力、创新思维等。项目式学习评价的优势在于其能够全面考查学生的综合素质和能力水平。通过完成项目任务，学生可以锻炼自己的实践能力和创新能力，培养团队协作精神和自主学习能力。同时，这种评价方式有助于激发学生的学习兴趣和动力，提高他们的学习积极性和参与度。

### 2. 开放式作业评价

开放式作业是指教师给出具有开放性的问题或情境，要求学生运用所学知识进行解答或创作。在高等数学教学中，开放式作业可以包括证明题、应用题、设计题等。这种作业形式能够鼓励学生发挥自己的想象力和创造力，运用所学知识解决实际问题。开放式作业评价注重学生的解题思路和创新能力。教师在评价时，不仅要看学生的答案是否正确，还要关注他们的解题思路是否清晰、是否有创新点。通过开放式作业评价，教师可以发现学生潜在的能力和特长，为他们提供个性化的指导和建议。同时，这种评价方式也有助于培养学生的批判性思维和解决问题的能力。

### 3. 课堂互动评价

课堂互动是高等数学教学中不可或缺的一部分。通过提问、讨论、小组合作等方式，教师可以激发学生的学习兴趣和思维活力，促进师生之间的交流和互动。课堂互动评价主要关注学生的参与度、发言质量、合作情况等方面。课堂互动评价的优势在于其能够实时反映学生的学习状态和需求。通过观察和评价学生在课堂上的表现，教师可以及时调整教学策略和方法，以满足学生的学习需求。同时，这种评价方式也有助于培养学生的口头表达能力和自信心，为他们的全面发展奠定基础。

## 四、集学生自评、互评与教师评价的评价体系

### （一）建立评价体系

构建一个全面、公正且准确的评价体系，是提升教育质量的关键。在这一体系中，学生自评、互评与教师评价三者相辅相成，共同构成了一个多元化的评价机制。为了确保评价的公正性和准确性，制定评价标准时务必具体、客观、可衡量。例如，学生自评可以采用量化打分与质性描述相结合的方式，互评可以设置明确的合作指标和沟通标准，教师评价则需结合课程目标和教学大纲，制定出一套科学合理的评价体系。同时，各评价环节的权重分配也需根据教育目标和实际情况进行合理调整，以确保评价的全面性和平衡性。此外，评价体系的建立还需考虑其实施的可行性和有效性。教师应提供必要的指导和培训，帮助学生正确理解和运用评价体系，确保评价过程的顺利进行。同时，评价体系的实施还需与高等教育的教学管理、课程设置等紧密结合，形成相互促进的良性循环。

## （二）定期开展评价

学生自评、互评和教师评价应成为教学过程中的常态，而非偶尔为之的附加任务。通过定期开展评价活动，学生可以及时了解自己的学习情况和存在的问题，从而有针对性地调整学习策略，提升学习效果。具体来说，学生自评可以在每个学习单元或学期结束时进行，通过自我反思和总结，帮助学生认识自己的学习优势和不足。互评则可以在小组合作学习或项目完成后进行，通过团队成员之间的相互评价，促进学生之间的交流和合作，共同提升团队的整体水平。而教师评价则应贯穿整个教学过程，通过课堂观察、作业批改、考试评估等多种方式，全面了解学生的学习状况，为教学决策提供有力的支持。定期开展评价活动不仅有助于学生及时调整学习策略，还能激发学生的学习动力和积极性。通过评价，学生可以明确自己的学习目标，了解自己在同学和教师眼中的表现，从而更加努力地投入学习中。同时，评价活动也为教师提供了宝贵的教学反馈，有助于教师优化教学方法、提升教学质量。

# 第三节　即时反馈与持续改进的教学策略

## 一、高等数学即时反馈的教学策略

### （一）课堂观察与提问

#### 1. 观察细节，捕捉信息

教师在课堂上作为一位细心的观察者，通过观察学生的眼神交流、面部表情、肢体语言乃至细微的举手发言，能够了解学生对知识点的掌握情况。例如，当教师讲到难点时，学生可能会皱眉、低头或眼神迷茫，这些都是他们遇到困难的信号。教师可以通过这些非言语的反馈，迅速判断哪些内容需要进一步解释或举例说明。

### 2. 通过提问得到反馈

提问是课堂互动的核心，也是获取学生即时反馈的有效途径。教师应设计不同层次的问题，如针对基础概念的回顾性问题、引导学生深入思考的拓展性问题等。在讲解完一个定理或公式后，教师通过提出"这个定理能解决什么问题?""你能举一个应用这个公式的例子吗?"等问题，不仅检验了学生的理解程度，还鼓励他们主动思考、尝试应用，从而加深其对知识的理解和掌握。

### 3. 基于小组讨论的反馈方式

除了师生间的直接提问，小组讨论是获取即时反馈的重要方式。通过分组讨论，学生可以相互分享解题思路、纠正错误，教师在旁听过程中也能收集到更广泛的学生反馈。这种反馈不仅限于知识层面，还包括学生对学习方法的探讨和对合作能力的展现，有助于教师全面了解学生的学习状态。

## （二）利用技术手段

### 1. 在线平台反馈

许多在线教育平台（如 Moodle、Blackboard 等）都提供了实时互动功能，允许教师发布即时问卷、小测验，学生通过手机或电脑即时作答，数据即时汇总显示。这种即时反馈机制，使教师能够迅速了解全班学生对某个知识点的掌握情况，及时调整教学进度和策略。同时，学生也能立即看到自己的答题情况。对于错误答案，教师可以即时提供解析，帮助学生及时纠正错误。

### 2. 数学软件，辅助教学反馈

数学软件（如几何画板、MATLAB 等）不仅为数学教学提供了强大的计算和绘图工具，也成为获取学生即时反馈的重要工具。例如，在讲解复杂函数图象时，教师可以利用几何画板动态演示函数的变化过程，通过观察学生的反应，判断他们是否真正理解了函数的性质。在 MATLAB 中，学生可以编写程序以解决数学问题；教师通过分析学生的代码，不仅能了解他们的解题思路，还能发现其潜在的错误，并给予个性化的指导。

### 3. 基于数据分析的反馈

教育大数据技术的应用，使得教师可以通过分析学生的学习数据，如作业完成情况、在线测试结果等，来精准定位学生的学习难点和薄弱环节。这些数据为教师提供了客观、全面的学生反馈，有助于他们制订更加个性化的教学计划，实施精准教学。同时，数据分析还能揭示学生的学习习惯和偏好，为教学方法的改进提供科学依据。

### 4. 虚拟现实技术反馈

虚拟现实技术的兴起，为高等数学教学带来了新的可能。通过虚拟现实技术，学生可以"身临其境"地体验数学概念的形成过程，如三维几何图形的旋转、变换等。这种沉浸式的学习方式极大地增强了学生的学习兴趣和参与度。教师在这一过程中，可以通过观察学生的行为反应，获取更为直观的即时反馈，进而调整教学内容和方式，使教学更加贴近学生的实际需求。

## （三）鼓励学生主动反馈

### 1. 构建主动反馈的文化

在高等数学即时反馈机制中，鼓励学生主动提出问题和疑惑是至关重要的一环。这种主动反馈的文化不仅能够帮助教师及时了解学生的学习状态和面临的困难，还能够激发学生的求知欲和探索精神。为了实现这一目标，教师应积极营造开放、包容的课堂氛围，让学生感受到提问是被鼓励和支持的。具体而言，教师可以设置专门的提问环节（如每节课后的"问题时间"），鼓励学生就本节课的内容提出自己的疑问和不解。这一环节可以设计成小组讨论的形式，让学生在小组内先自行解决一些简单的问题，再将难以解决的问题汇总后提交给教师。这样的设计既能培养学生的自主学习能力，又能提高他们的问题解决能力。此外，教师还可以利用现代通信手段（如电子邮件、学习群等）与学生保持密切联系。这为学生提供了更为便捷和灵活的提问方式，使得他们可以随时随地向教师寻求帮助。教师应及时回应学生的提问，给予准确、清晰的解答，从而增强学生的学习信心和动力。通过构建主动反馈文化，教师可以更好地了解学生的学习需求和困惑，进而调整教学策略，提升教学效果。同时，学生也能在这种文化中逐渐培养主动提问、积极探究的学习习惯，为他们的未来学习和发展奠定坚实的基础。

**2. 多渠道反馈机制，助力学生克服高等数学难题**

在高等数学的学习过程中，学生难免会遇到各种难题和困惑。为了帮助学生及时克服这些难题，教师需要建立多渠道的反馈机制，鼓励学生通过不同的方式提出问题和疑惑。除了传统的课堂提问外，教师还可以利用电子邮件、学习群等线上渠道与学生保持沟通。这些渠道具有便捷、高效的特点，让学生在遇到问题时能够迅速得到教师的回应和解答。同时，教师还可以这些渠道分享一些优质的学习资源和资料，帮助学生更好地理解和掌握数学知识。此外，教师还可以定期组织一些线下的交流活动，如学习小组、学术讲座等，为学生提供更多的学习和交流机会。在这些活动中，学生可以与其他同学分享自己的学习心得和经验，也可以向教师请教一些更深层次的问题。这种面对面的交流方式不仅能够增强师生之间的互动和信任，还能够帮助学生更好地理解和掌握知识。通过建立多渠道的反馈机制，教师可以更全面地了解学生的学习情况和需求，为他们提供更为精准和个性化的指导和帮助。同时，学生也能在这种机制中逐渐培养自主学习能力和习惯，为未来的学习和发展打下坚实的基础。

# 二、高等数学持续改进的教学策略

## （一）基于反馈调整教学内容和方法

### 1. 实时反馈，精准定位教学难点

在高等数学的教学过程中，学生的反馈是调整教学内容和方法的重要依据。教师应建立有效的反馈机制，如通过课堂观察、课后作业、在线测试等多种方式收集学生的反馈信息。当发现学生对某个知识点理解困难时，教师应迅速做出反应，增加相关的例题和练习，以帮助学生巩固和深化理解知识。同时，教师还可以利用课堂讨论、小组互助等形式，鼓励学生之间互相交流和学习，共同攻克难点。

### 2. 灵活调整教学方法，适应学生需求

不同的学生可能对不同的教学方法有不同的适应程度。教师应根据学生的反馈，灵活调整教学方法，以提升教学效果。例如，对于喜欢直观理解的学生，教师可以增加图表、动画等多媒体元素来辅助讲解；对于喜欢逻辑推理的学生，教师可以设计更多的问题引导学生思考。此外，教师还可以尝试引入翻转课堂、项目式学习等新型教学模式，以激发学生的学习兴趣和主动性。

### 3. 持续改进，形成教学闭环

教学是一个持续改进的过程。教师应定期回顾和总结教学效果，根据学生的反馈和成绩分析，不断调整和优化教学内容和方法。同时，教师还应鼓励学生参与到教学改进中，收集他们对教学的意见和建议，形成师生共同参与的教学闭环。这样的持续改进不仅能够提高教学质量，还能够增强和提高学生的学习体验和满意度。

## （二）分层教学与个性化指导

### 1. 分层教学，满足不同层次学生的需求

由于学生的数学基础和学习能力存在差异，分层教学成为高等数学教学中不可或缺的一部分。教师应根据学生的实际情况，将他们分为不同的层次，并针对每个层次的学生制订相应的教学计划和要求。例如，对于基础较弱的学生，教师应注重基础知识的讲解和巩固；对于中等水平的学生，教师可以在保证基础知识掌握的同时，适当增加一些拓展性的内容；对于能力较强的学生，教师可以提供更深入、更具挑战性的学习内容，以满足他们的求知欲和发展需求。

### 2. 个性化指导，助力学生全面发展

除了分层教学外，教师应关注学生的个性化需求，为他们提供个性化的指导和帮助，包括针对学生的学习特点、兴趣爱好、职业规划等进行的个性化辅导。例如，对于对数学有浓厚兴趣的学生，教师可以引导他们参加数学竞赛、科研项目等活动，培养他们的创新能力和实践能力；对于对未来职业规划有明确目标的学生，教师可以根据他们的专业需求，提供相关的数学知

识和技能培训。

## （三）加强师生交流与合作

### 1. 密切师生交流是高等数学教学持续改进的坚固基石

在高等数学教学的广阔天地里，良好的师生关系如同一股清泉，滋养着知识的土壤，孕育着智慧的果实。加强师生交流与合作，不仅是教学相长的内在要求，更是推动高等数学教学持续改进的重要保障。教师应主动与学生保持密切的交流和合作。这不仅是传授知识的过程，更是一次次心灵的触碰和智慧的碰撞。教师应积极倾听学生的声音，了解他们的学习需求和困惑，从而有针对性地调整教学策略和方法。在课后，教师可以通过组织学习小组、开展答疑辅导等方式，与学生共同探讨学习方法和策略，帮助他们找到适合自己的学习路径。同时，教师还应鼓励学生分享自己的学习资源和经验。这不仅能够促进学生之间的相互学习，还能够营造一种积极向上的学习氛围。在这种氛围中，学生能够相互激励、共同进步，为高等数学的学习奠定坚实的基础。

### 2. 深化师生合作是高等数学教学持续改进的必要条件

深化师生合作，是高等数学教学持续改进的必由之路。教师应将学生视为教学的主体，尊重他们的个性和差异，鼓励他们积极参与教学过程，成为知识的探索者和创造者。在课堂上，教师可以通过提问、讨论、小组合作等方式，引导学生主动思考、积极发言，从而激发他们的学习兴趣和求知欲。这种合作式的教学方式，不仅能够提升学生的学习效果，还能够培养他们的团队协作能力和创新精神。除了课堂上的合作，教师还可以与学生共同参与科研项目、学术竞赛等活动，这些实践活动不仅能够加深学生对数学理论的理解和应用，还能够提升他们的实践能力和创新能力。在合作过程中，教师应注重培养学生的问题意识和批判性思维，鼓励他们敢于质疑、勇于探索，为未来的学术研究和职业发展奠定坚实的基础。同时，教师还应关注学生的情感需求和心理状态，及时给予关心和支持。在学习上遇到困难时，教师应耐心倾听学生的困惑和挫折感，帮助他们分析问题、寻找解决方案，重拾学习的信心。在生活中遇到烦恼时，教师也应成为学生的倾听者和支持者，给予他们温暖和力量。这种情感上的交流和支持，能够让学生感受到教师的关爱和尊重，从而更加积极地投入学习中。

# 第四节　评价结果的解读与教学策略的调整

## 一、高等数学教学评价结果的解读

### （一）学生评价解读

#### 1. 教学效果的反馈

（1）理解程度的反馈

学生评价中的教学效果部分，往往直接反映了学生对教师授课质量的整体感受。这包括学生对知识点的理解程度、课堂内容的吸引力、教学目标的达成度等。高分数的教学效果评价通常意味着教师能够清晰、准确地传授数学知识，也意味着学生能够跟上教学节奏，对所学内容有深入的理解和掌握。相反，低分数的教学效果评价则可能提示教师需要在教学方法、教学节奏或教学深度上做出调整，以更好地适应学生的学习需求。而且学生对知识点理解程度的反馈，也是教学效果评价中的重要组成部分。通过学生的反馈，教师可以了解哪些知识点是学生普遍掌握的，哪些是学生感到困惑或难以理解的。这有助于教师识别教学中的难点和盲点，从而在未来的教学中采取针对性的措施，如增加讲解时间、提供额外的学习资源或采用更直观的教学方法来帮助学生克服学习障碍。

（2）课堂吸引力的反馈

课堂内容的吸引力也是学生评价中的一个重要方面。一个富有吸引力的课堂能够激发学生的学习兴趣，提高他们的学习动力。评价反映出学生对课堂内容的喜好和兴趣点，有助于教师了解学生的学习偏好，从而调整教学内容和教学方法，使课堂更加生动有趣，更好地吸引学生的注意力。

## 2. 教学内容的评价

### （1）难易程度的反馈

学生对课程难易程度的反馈，是教师调整教学内容的重要依据。如果多数学生反映课程内容过难，就可能导致学生产生挫败感，影响其学习积极性；反之，如果课程内容过于简单，则可能无法满足学生的学习需求，导致其学习兴趣下降。因此，教师需要根据学生的反馈，合理调整课程内容的难易程度，确保课程内容既能够给学生带来挑战，又不会让他们感到过于吃力。

### （2）实用性的反馈

学生往往更关注所学知识的实用性和应用价值。他们希望通过高等数学的学习，能够掌握解决实际问题的能力。因此，学生对教学内容实用性的评价，对于教师来说至关重要。教师需要根据学生的反馈，增加与实际应用紧密相关的案例和练习，帮助学生建立数学知识与实际问题的联系，提高他们的实践能力和创新能力。

## 3. 教学态度的感知

### （1）责任心的体现

教师的责任心是学生对教学态度评价的重要方面。学生希望教师能够认真对待每一堂课，对教学内容有充分的准备和深入的理解。同时，他们也希望教师在课后能够及时解答疑问，提供必要的帮助和支持。教师通过展现强烈的责任心，可以赢得学生的信任和尊重，从而提高教学效果。

### （2）亲和力的感知

教师的亲和力也是学生评价教学态度时关注的一个方面。一位具有亲和力的教师能够与学生建立良好的关系，使学生感到被尊重和关注。这种良好的师生关系有助于激发学生的学习兴趣和动力，促进他们的学习进步。因此，教师需要注重与学生的沟通和交流，以更加亲切、友好的方式与学生相处。

## （二）督导评价解读

## 1. 教学态度的审视

督导评价在高等数学评价体系中扮演着重要的角色。督导员主要由长期从事教学工作或教学管理的教师组成，从教学环节的各个方面对教师的课堂教学进行检查和评价。督导评价的重点通常是教师的教学态度、教学内容以及教学方法的合理性等。通过督导评价的解读，教师可以获得来自专业视角的反馈和建议，以进一步提升教学质量。督导评价对教学态度的审视，主要关注教师的职业素养、教学热情以及对学生的关注程度。督导员通过观察教师的教学行为和与学生的互动，评估教师的教学态度是否积极、认真。督导员还会关注教师是否愿意投入时间和精力来准备课程、是否愿意与学生沟通交流、是否关注学生的学习进展等。这些评价有助于教师认识到自己在教学态度方面的优点和不足，从而做出相应的调整和改进。

### 2. 教学内容的评估

督导评价对教学内容的评估，主要关注于课程内容的科学性、前沿性、实用性以及与教学目标的契合度。督导员会审查教师的教学大纲、课件以及教材选用情况，评估课程内容是否符合高等数学的教学要求、是否涵盖了学科的前沿知识、是否具有实际应用价值等。同时，督导员还会关注教师是否根据学生的学习需求和兴趣调整教学内容，以确保教学的针对性和有效性。

### 3. 教学方法的合理性分析

教学方法的合理性是督导评价中的一个重要方面。督导员会观察教师的教学过程，评估他们采用的教学方法是否科学、有效。这包括教师是否能够灵活运用多种教学方法来激发学生的学习兴趣、是否能够根据学生的差异实施个性化教学、是否能够有效地组织课堂活动和讨论等。通过督导员的反馈和建议，教师可以了解自己在教学方法上的优点和不足，并尝试运用新的教学方法来提高教学效果。

### 4. 教学效果的综合评价

督导评价会对教师的教学效果进行综合评价，包括学生对知识的掌握程度、能力的提升情况、学习态度的变化等。督导员会通过学生的作业、测试成绩、课堂表现等多方面来评估教学效果。同时，他们还会关注学生的反馈和意见，以了解学生对教师教学的满意度和期望。这些综合评价有助于教师全面了解自己的教学效果，为未来的教学改进提供有力的依据。

### （三）同行教师评价解读

#### 1. 专业视角下的教学反馈

在高等数学的评价体系中，同行教师，作为同一领域的专业从业者，能够从专业的角度对教师的教学设计、课堂掌控能力以及师生互动等方面进行深入剖析和评价。这种评价不仅基于丰富的教学经验，更蕴含着对高等数学教育的深刻理解和独到见解。同行教师评价能够为教师提供宝贵的教学反馈。在日常教学中，教师往往难以全面客观地审视自己的教学过程，而同行教师的评价则像一面镜子，能够帮助教师清晰地看到自己的优点和不足。同行教师能够从教学方法的选择、教学内容的组织、教学难点的突破等多个方面提出建设性的意见和建议，促使教师不断优化教学设计，提升教学质量。

#### 2. 同行教师评价的专业性

同行教师评价的专业性是其独特价值所在。同行教师不仅熟悉高等数学的专业知识，更了解数学教育的最新理念和教学方法。在评价过程中，同行教师能够敏锐地捕捉到教师教学中的亮点和创新点，给予充分的肯定和鼓励。同时，同行教师也能够准确指出教学中存在的问题和不足，如课堂掌控能力的欠缺、与学生互动的不足等，并提出具体的改进建议。这种专业性的评价，对于教师的成长和发展具有重要的推动作用，能够帮助教师更加清晰地认识自己的教学风格和特点，明确自己的发展方向和目标。同时，同行教师的评价还能够激发教师的内在动力，促使他们不断追求教学上的卓越和完美。在同行教师的指导和帮助下，教师能够更快地成长为一名优秀的高等数学教师，为学生的数学学习提供更加有力的支持。

## 二、基于高等数学评价结果的教学策略调整

### （一）分析评价结果，找出教学问题

在获得高等数学评价结果后，教师应对评价结果进行深入分析，找出教学中存在的问题。例如，如果学生对某个知识点的掌握情况普遍较差，就可

能是该知识点的教学方法不够直观或练习不足；如果学生在应用数学知识解决实际问题时表现不佳，就可能是缺乏足够的实践机会或缺乏将理论与实际相联系的能力。

## （二）基于高等数学评价结果针对的问题，调整教学策略

### 1. 改进教学方法

在高等数学教学过程中，基于高等数学教学评价结果，教师应积极调整教学策略，采用更为直观的教学方法。利用多媒体课件、动画演示等辅助工具，教师可以将复杂的数学概念以图形、动画等形式直观呈现出来，帮助学生加深对知识的直观认识，降低理解难度。同时，教师应加强与学生互动，通过提问、讨论等方式引导学生主动思考。在课堂上，教师可以设置一系列引导性问题，鼓励学生积极发言，参与讨论，从而激发他们的思维活力。这种互动式教学方式不仅能够提高学生的课堂参与度，还能够使他们在思考过程中加深对知识的理解，培养分析问题和解决问题的能力。此外，教师还可以尝试将抽象的概念与实际生活案例相结合，让学生在熟悉的情境中理解数学的应用价值，从而增强学习的趣味性和实用性。通过改进教学方法，教师能够更有效地传授知识，激发学生的学习兴趣，提升高等数学的教学效果。

### 2. 增加实践机会

基于数学评价结果，教师需要增加实践机会，设计更多与实际生活或专业相关的数学问题。学生通过解决这些实际问题，能够在实践中加深对数学知识的理解，并学会运用数学知识解决实际问题。同时，教师应鼓励学生积极参与数学建模、数学竞赛等活动。这些活动不仅能够锻炼学生的实践能力，还能够培养他们的团队协作精神和创新思维。在数学建模过程中，学生需要将数学知识与其他领域的知识相结合，解决实际问题，这有助于提升他们的跨学科整合能力和综合素质。此外，教师还可以与企业、科研机构等合作，为学生提供更多的实习和实践机会。通过这些实践活动，学生能够更深入地了解数学知识的应用领域，增强学习数学的兴趣和动力。通过增加实践机会，教师能够帮助学生将理论知识与实践相结合，培养他们的应用能力，为未来

的职业发展奠定坚实的基础。

## 3. 个性化辅导

基于高等数学评价结果，教师需提供个性化的辅导和练习。对于学习困难的学生，教师应给予更多的关注和帮助，通过耐心讲解、个别辅导等方式，帮助他们克服学习障碍，提升学习效果。同时，对于学有余力的学生，教师可以提供更高难度的学习资料和具有挑战性的问题，以满足他们的求知欲和学习潜能。这些学生可以通过自主学习、参与科研项目等方式，进一步拓宽知识面，提升数学素养和创新能力。此外，教师还可以利用现代信息技术手段，如在线学习平台、智能辅导系统等，为学生提供个性化的学习资源和服务。这些平台能够根据学生的学习情况和需求，智能推荐相关的学习资料和练习题，从而提高学习的针对性和效率。通过个性化辅导，教师能够因材施教，关注每个学生的差异和需求，帮助他们充分发挥自己的潜能，实现个性化的成长和发展。

# 第八章 高等数学教师的专业发展与培训

## 第一节 高等数学教师的角色与职责

### 一、高等数学教师的角色定位

#### （一）知识的传授者

**1. 奠定数学基础，引领知识传授**

高等数学教师的首要角色无疑是知识的传授者，肩负着将高等数学的基本概念、理论和方法传授给学生的重任，确保学生在这一关键学科领域奠定坚实的基础。高等数学知识作为科学研究和工程技术不可或缺的知识，其复杂性和抽象性要求高等数学教师必须具备深厚的专业素养和丰富的教学经验。在课堂上，高等数学教师通过系统而细致的讲解，将抽象的概念具体化，将复杂的理论简单化。他们利用生动的例子、直观的图形和严谨的逻辑推理，帮助学生打开高等数学的大门，领略高等数学的魅力。同时，高等数学教师还通过精心设计的例题演示，引导学生学会运用所学知识解决实际问题，培养他们的思维能力和问题解决能力。课后，高等数学教师并不止步于课堂的讲解，还提供了丰富的课后辅导资源，如习题解答、在线答疑等，以帮助学生巩固所学知识，解决学习中的困惑。这种全方位的知识传授和辅导，为学生后续的学习和研究奠定了坚实的数学基础，使他们在面对复杂的科学问题时能够游刃有余。

**2. 激发学习兴趣，培养数学能力**

作为知识的传授者，高等数学教师要激发学生的学习兴趣，培养他们的数学能力。高等数学的学习往往需要学生具备较高的抽象思维能力和逻辑推理能力，但这对许多学生来说是一大挑战。因此，高等数学教师需要采取灵活多样的教学方法，如启发式教学、探究式学习等，来激发学生的学习兴趣，引导他们主动探索数学的奥秘。在教学过程中，高等数学教师注重培养学生的数学思维，帮助他们培养严谨的逻辑推理习惯和敏锐的数学直觉。通过引导学生参与课堂讨论、小组合作等学习活动，高等数学教师鼓励学生发表自己的见解，培养他们的创新意识和团队协作能力。这种以学生为中心的教学模式，不仅提高了学生的学习效果，还促进了他们的全面发展。此外，高等数学教师还注重培养学生的自学能力。高等数学教师教会学生查阅数学文献、如何使用数学软件等工具来辅助学习，使学生在未来的学习和研究中能够更加自主地探索数学知识，不断拓宽自己的视野。这种自学能力的培养，对于学生未来成为具有创新精神和实践能力的复合型人才具有重要意义。

## （二）学习的引导者

### 1. 启迪学生思维，激发探索欲望

高等数学教师在传授知识的过程中，是学生学习道路上的引路人，不仅关注学生对数学知识的掌握程度，更注重培养学生的数学思维能力和问题解决能力。作为学习的引导者，高等数学教师通过精心设计的教学活动，激发学生的好奇心和求知欲，引导学生主动发现问题、分析问题并寻求解决方案。在这一过程中，高等数学教师鼓励学生质疑、勇于挑战传统观念，培养他们的批判性思维。而且，高等数学教师作为学习引导者，还注重培养学生的数学素养和创新能力。高等数学教师通过介绍数学史、数学家的事迹以及数学在各个领域的应用，让学生了解数学知识的丰富内涵和广泛应用，从而激发学生对数学的热爱和追求。同时，高等数学教师鼓励学生尝试运用不同的解

题方法培养学生的创新思维和解决问题的能力。

## 2. 引导发现，培养能力

高等数学教师深知，真正的学习不是简单的知识灌输，而是引导学生主动探索、发现知识的过程。因此，在教学过程中，高等数学教师应注重创设问题情境，引导学生通过观察、实验、推理等方式，主动发现数学规律，理解数学概念。在引导学生主动探索的过程中，高等数学教师注重培养学生的观察力和想象力。他们通过提出启发性问题，引导学生深入思考，鼓励学生大胆猜想，并通过实践验证自己的猜想。这种教学方式不仅锻炼了学生的思维能力，还培养了学生的创新意识和实践能力。同时，高等数学教师还注重培养学生的数学应用能力。他们通过引导学生将数学知识应用于实际问题中，让学生感受到数学的实用价值，从而更加深入地理解数学知识。这种教学方式不仅提高了学生的数学应用能力，还增强了他们的自信心和成就感。

## （三）教学研究者

### 1. 教育者与研究者并重

在高等数学教学中，高等数学教师不仅承担着传授知识的重任，更应扮演教学研究者的角色。这一角色的重要性在于，要求高等数学教师不仅要关注数学教学的实践层面，更要深入探索数学教育的本质和规律，以推动数学教学不断进步。作为教学研究者，高等数学教师需要密切关注数学教育的最新动态和研究成果。他们通过阅读专业文献、参加学术研讨会等方式，不断汲取新的教育理念和教学方法，从而保持对数学教学前沿的敏锐洞察力。这种对新知识、新方法的追求，不仅能够提升高等数学教师自身的专业素养，更能够为数学教学注入新的活力和理念。在实际教学中，高等数学教师将研究成果转化为具体的教学策略和方法，不断优化教学过程。他们尝试运用新的教学理念和手段，如翻转课堂、项目式学习等，激发学生的学习兴趣和主动性。同时，高等数学教师还通过教学反思和同行交流，不断调整和完善自己的教学方法，以达到最佳的教学效果。这种教育者与研究者的双重角色，使高等数学教师能够在理论与实践之间架起一座桥梁，为数学教学质量的提升做出重要贡献。

### 2. 教学研究是高等数学教师专业成长的引擎

教学研究是高等数学教师专业成长的重要途径。通过参与教学研究项目，高等数学教师能够深入探索数学教育的核心问题，如对数学概念的理解、数学思维的培养等。这些研究项目不仅能够提升高等数学教师的学术研究能力，更能够促使他们在教学实践中不断创新和改进。在撰写学术论文的过程中，高等数学教师需要对教学实践进行深入剖析和总结，提炼出具有普遍指导意义的结论。这些论文不仅是对高等数学教师研究成果的肯定，更是对数学教学经验的交流和分享。通过发表学术论文，高等数学教师能够与同行进行深入的学术交流，共同探讨数学教育的未来发展方向。而参加学术会议也是高等数学教师专业成长的重要环节。在会议上，高等数学教师能够接触到最新的教育理念和研究成果，与来自不同背景的同行进行面对面的交流和讨论。这种跨地域、跨文化的学术交流，不仅能够拓宽高等数学教师的视野，更能够激发他们的创新思维，为数学教学带来新的灵感和启示。通过持续的教学研究，高等数学教师能够不断提升自己的专业素养和教学能力，为学生的数学学习提供更加有力的支持。同时，高等数学教师也能够为数学教育的改革和发展贡献自己的智慧和力量，推动数学教学不断迈向新的高度。

## 二、高等数学教师的具体职责

### （一）教学计划与课程设计

#### 1. 教学计划制订的职责

在高等数学教学中，高等数学教师需深入理解教育大纲，将其中宏观的能力培养目标细化为具体、可衡量的教学目标。这些目标不仅应涵盖数学理论知识的掌握，还应包括逻辑思维、问题解决以及数学建模等能力的提升。例如，对于微积分部分，目标可以设定为学生能够熟练掌握基本求导与积分技巧，并能运用这些知识解决实际问题。教学内容的选择需围绕教学目标进行。同时，高等数学教师应注重内容的连贯性和层次性，确保学生能够循序渐进地掌握数学知识。此外，教学内容还应融入数学史、数学家故事等元素，增强课程的趣味性和人文性，以激发学生的学习兴趣。

### 2. 课程设计职责

课程设计是高等数学教学计划实施的具体蓝图，其优化直接关系到教学效果的好坏。在设计教学方法时，高等数学教师应摒弃传统的填鸭式教学，采用启发式、讨论式、探究式等多种教学模式。例如，高等数学教师可通过提出实际问题，引导学生运用数学知识进行建模和分析，培养他们的实践能力和创新思维。

## （二）课堂教学与讲解

### 1. 知识传授的清晰性与准确性

在课堂上，高等数学教师是知识的主要传授者，肩负着将复杂的高等数学概念、理论和方法以清晰、准确的方式教授给学生的重任。这要求高等数学教师不仅要对教材内容有深入的理解，还要能够用简洁明了的语言解释抽象的概念。例如，在讲解极限、导数、积分等基础知识时，高等数学教师需要通过生动的例子和直观的图形，帮助学生对这些概念产生直观的理解。

### 2. 理论与实际应用的结合

为了使学生更好地理解高等数学的实际应用价值，高等数学教师需要将理论与实际应用紧密结合。通过引入实际案例，如物理学中的运动问题、经济学中的边际效应等，高等数学教师可以帮助学生看到数学知识在解决实际问题中的强大作用。这种结合不仅能够激发学生的学习兴趣，还能培养他们的数学建模能力和问题解决能力。

### 3. 教学方法的多样性与创新性

高等数学教师需要灵活运用多种教学手段，以提高学生的学习兴趣和参与度。多媒体教学、互动式教学、翻转课堂等都是有效的教学方法。例如，利用多媒体演示复杂的数学公式和图形变化，高等数学教师可以使学生更直观地理解数学概念；通过组织小组讨论和合作学习，高等数学教师可以促进学生之间的交流与合作，培养他们的团队协作能力。

### 4. 课堂氛围的营造与管理

良好的课堂氛围对于学生的学习效果至关重要。高等数学教师需要营造积极、开放、有序的课堂环境，鼓励学生积极提问和发表观点。同时，高等数学教师还需要有效管理课堂，确保学生能够集中注意力听讲，参与课堂活动。通过合理的课堂管理和营造积极的氛围，高等数学教师可以提高学生的学习效率和积极性。

## （三）学生辅导与答疑

### 1. 课后辅导的及时性与有效性

高等数学教师需要提供足够的课后辅导时间，帮助学生巩固课堂上学到的知识。这可以通过安排辅导课、组织学习小组等方式实现。在辅导课上，高等数学教师可以针对学生的薄弱环节进行有针对性的讲解和练习；在学习小组中，学生可以相互讨论、互相帮助，共同解决学习中的难题。此外，高等数学教师还可以利用网络平台提供在线答疑服务，让学生随时随地都能得到帮助。

### 2. 学习进度的跟踪

高等数学教师需要密切关注学生的学习进度和学习状态。通过定期检查作业、测试成绩和课堂表现，高等数学教师可以了解学生的学习情况，及时发现他们面临的问题和困难。针对这些问题和困难，高等数学教师需要给予学生及时的反馈和建议。例如，对于学习进度落后的学生，高等数学教师可以提供额外的学习资源和辅导；对于学习方法不当的学生，高等数学教师可以指导他们调整学习策略。

### 3. 差异化教学

每个学生都有自己的学习特点和需求，高等数学教师需要采用差异化教学模式。高等数学教师应根据学生的能力水平和学习风格制订不同的教学计划和辅导方案。对于基础较弱的学生，高等数学教师需要耐心讲解基础知识，帮助他们打牢基础；对于能力较强的学生，高等数学教师可以为其提供更高难度的问题和具有挑战性的任务，以激发他们的潜力和创造力。

### 4. 鼓励学生自主学习与自我提升

高等数学教师不仅要传授知识，还要培养学生的自主学习能力。通过引导学生制订学习计划、培养时间管理能力、鼓励自主探索等方式，高等数学教师可以帮助学生逐渐养成自主学习的习惯和能力。同时，高等数学教师还需要鼓励学生参加数学竞赛、科研项目等活动，以提升他们的数学素养和综合能力。

## （四）学术研究与教学优化

### 1. 学术研究职责

在高等数学教学中，高等数学教师不仅是知识的传播者，更是学术研究的积极参与者。作为高等数学教师，他们肩负着不断更新知识结构和教学内容的重要使命。数学领域的发展日新月异，新的理论、方法和技术层出不穷。这就要求高等数学教师必须紧跟时代步伐，关注数学领域的最新动态和研究成果。通过学术研究，高等数学教师能够深入了解数学的前沿领域，把握数学发展的"脉搏"。高等数学教师通过阅读专业文献、参加学术会议、与同行交流等方式，不断汲取新的知识和思想，从而丰富自己的学术底蕴。这些学术研究活动不仅能够提升高等数学教师的专业素养，更能够为教学工作提供坚实的理论支撑。而且，在学术研究的过程中，高等数学教师还能够将最新的研究成果融入教学内容中，使学生能够及时了解数学领域的最新进展。这种将学术研究与教学相结合的做法，不仅能够激发学生的学习兴趣和求知欲，更能够培养他们的创新思维和解决问题的能力。因此，学术研究是高等数学教师专业素养不断提升的重要源泉，也是他们提高教学质量和效果的有力保障。

### 2. 教学优化职责

高等数学教师要不断反思自己的教学实践，探索更有效的教学方法和策略。教学优化不仅是高等数学教师的重要职责，也是提升高等数学教师教学水平的重要途径。这就要求高等数学教师在教学实践中不断尝试、总结和改进，以找到最适合学生的教学方式。高等数学教师需要关注学生的学习需求和特点，根据学生的实际情况调整教学策略。高等数学教师可以通过设计多样化的教学活动、引入实际案例、运用现代信息技术等手段，激发学生的学习兴趣和主动性。同时，高等数学教师还要注重培养学生的数学思维能力和解决问题的能力，帮助他们奠定扎实的数学基础。在教学优化的过程中，高等数学教师还需要与同行进行深入的交流和合作，可以通过参加教学研讨会、观摩优秀高等数学教师的教学实践、分享自己的教学经验和心得等方式，不断汲取新的教学理念和方法。这种交流与合作不仅能够提升高等数学教师的教学水平，更能够促进高等数学教师之间的共同成长和进步。

## 第二节　高等数学教师专业发展的路径与策略

### 一、深化专业知识与教育理念更新

#### （一）深化专业知识的方式

**1. 参加学术研讨会**

学术研讨会是高等数学教师获取最新数学知识、了解数学教育前沿动态的重要途径。通过参加这些活动，高等数学教师可以接触到国内外数学教育领域的专家学者，聆听他们的研究报告，了解最新的数学研究成果和教学理念。同时，这些活动也为高等数学教师提供了一个与同行交流的平台，高等数学教师可以就教学中的问题、困惑与同行进行深入探讨，共同寻找解决方案。在参加学术研讨会时，高等数学教师应做好笔记，整理学习资料，将所学内容融入自己的教学中。此外，高等数学教师还可以利用这些机会与专家学者建立联系，寻求学术上的指导和支持。

**2. 阅读数学专业期刊和著作**

阅读数学专业期刊和著作是高等数学教师深化专业知识、提升专业素养的有效途径。数学专业期刊通常包含最新的数学研究成果、教学案例和教学经验分享。通过阅读这些期刊，高等数学教师可以了解数学领域的最新进展，掌握新的教学方法和技巧。同时，阅读数学著作可以帮助高等数学教师系统地学习数学理论，加深对数学概念、定理和方法的理解。在阅读过程中，高等数学教师应注重做好笔记，进行知识总结与归纳，将所学知识与教学实践相结合。此外，高等数学教师还可以利用网络资源，如数学专业网站、在线课程等，获取更多的学习资源和信息。

## （二）教育理念更新

### 1. 教育理念的不断更新是教学进步的源泉

在高等数学教学中，教育理念是高等数学教师教学行为的灵魂和指导思想。随着时代的进步和教育的发展，教育理念也在不断更新和演变。这些新的教育理念，如以学生为中心的教学、合作学习等，都是基于对学生学习特点和需求的深入理解而提出的。它们强调学生在学习过程中的主体地位，倡导高等数学教师应从传统的知识传授者转变为学生学习活动的引导者和促进者。以学生为中心的教学理念，要求高等数学教师在设计教学活动时，充分考虑学生的兴趣、需求和认知能力，让学生参与到教学过程中，成为学习的主人。而合作学习则强调学生之间的互助合作，通过小组讨论、合作解决问题等方式，培养学生的团队协作能力和沟通能力。这些新的教育理念不仅有助于提高学生的学习效果，还能培养他们的综合素质和能力。

### 2. 高等数学教师应积极接纳并实践新的教育理念

面对教育理念的不断更新，高等数学教师应保持开放的心态，积极接纳并实践新的教育理念。一方面，高等数学教师需要不断学习和研究新的教育理念，了解它们的内涵和实践要求。另一方面，高等数学教师应将新的教育理念融入自己的教学实践中，不断探索和尝试新的教学方法和手段。例如，可以采用探究式教学、情境教学等方法，激发学生的学习兴趣和主动性；也可以利用信息技术手段，如多媒体教学、在线学习等，丰富教学资源，提高教学效果。同时，高等数学教师还应注重与同行交流和合作，共同分享教学实践中的经验和教训，促进教学理念的更新和教学水平的提升。通过不断学习和实践，高等数学教师能够不断更新自己的教学理念，提高自己的教学能力，为学生的全面发展提供更好的支持和指导。

## 二、提升教育科研与创新能力

### （一）开展教育科研

#### 1. 选择具有实际意义的研究课题

高等数学教师应紧密结合教学实践，选择那些既具有理论价值又能够解决实际教学问题的研究课题。例如，可以探讨如何运用信息技术手段提高数学课堂的互动性，或者研究不同教学方法对学生数学思维能力培养的影响。这些课题的研究不仅能够丰富数学教育理论，还能够直接指导教学实践，提升教学效果。

#### 2. 运用科学的研究方法

在教育科研过程中，科学的研究方法是保证研究质量的关键。高等数学教师应掌握并熟练运用文献综述、问卷调查、实验设计、数据分析等研究方法。通过系统收集和分析数据，高等数学教师可以更加准确地揭示数学教育的规律和存在的问题，为教学实践提供有力的支持。

#### 3. 拉近高等数学教师之间的关系

教育科研往往不是一个人能够完成的，需要团队成员之间的密切合作与交流。高等数学教师应积极参与教育科研团队，与同事共同探讨研究问题，分享研究方法和经验。通过团队合作，高等数学教师不仅可以提高研究效率，还能够拓宽研究视野，激发创新思维。

#### 4. 将科研成果应用于教学实践

教育科研的最终目的是为教学实践服务。高等数学教师应将科研成果及时转化为教学策略和方法，应用于课堂教学中。例如，高等数学教师可以根据研究成果调整教学内容和教学方法，设计更加符合学生认知规律的教学活动。通过科研成果的应用，高等数学教师可以不断提升教学质量，促进学生的全面发展。

## （二）培养创新能力

### 1. 参与创新项目

参与创新项目是锻炼高等数学教师创新能力的有效方式，高等数学教师可以积极参与高等教育或教育行政部门组织的创新项目，如教学改革项目、课程开发项目等。在项目实施过程中，高等数学教师可以充分发挥自己的创造力和想象力，探索新的教学模式和方法。通过项目的实践锻炼，高等数学教师可以不断提升自己的创新能力，为教学革新提供源源不断的动力。

### 2. 营造创新氛围

创新氛围的营造对于激发高等数学教师的创新潜能至关重要。高等教育和教育行政部门应为高等数学教师提供宽松自由的工作环境，鼓励高等数学教师大胆尝试新的教学方法和手段。同时，还应建立完善的评价机制，对高等数学教师的创新成果给予充分的肯定和相应的奖励。在这种氛围下，高等数学教师可以更加放心地投身于创新实践，不断推动教学革新。

# 三、高等数学教师的自我发展

## （一）持续学习

在高等数学教育领域，高等数学教师的专业素养是决定教学质量的关键因素。为了实现自我发展，高等数学教师必须保持持续学习的态度，不断更新自己的知识结构和教学方法。数学是一门不断发展的学科，新的理论、方法和应用层出不穷。高等数学教师应通过参加专业培训、阅读学术期刊、参与教学研究等方式，及时了解数学领域的最新进展，将这些新知识融入教学中，使学生能够接触到最前沿的数学内容。同时，高等数学教师还应关注教育理论和教学方法的发展，学习先进的教学理念，如建构主义、认知主义等，并尝试将这些理念应用到实际教学中。通过不断学习和实践，高等数学教师能够逐渐形成自己的教学风格，提高教学效果，为学生的数学学习提供更好的支持。

## (二) 专业成长

高等数学教师的自我发展不仅是提升专业素养和教学能力，更是实现自己的教育理想和职业价值。高等数学教师应始终保持对教育的热爱和对学生的关怀，将做好教学工作视为一种理解来追求。在专业成长过程中，高等数学教师应注重培养自己的教育情怀和职业道德，树立正确的教育观念和价值观。同时，高等数学教师还应关注自己的职业发展规划，明确自己的职业目标和发展方向。通过参加学术研讨会、发表教学论文、参与教材编写等方式，高等数学教师可以提升自己的学术地位和影响力，为数学教育事业的发展做出贡献。此外，高等数学教师还应积极参与高等教育和教育行政部门组织的各种活动和项目，展示自己的教学成果和经验，与其他高等数学教师进行交流和合作。通过这些活动，高等数学教师不仅可以拓宽自己的教学视野和思路，还可以结交更多的朋友，共同为数学教育事业的发展努力。

# 第三节 高等数学教师培训的内容与方法创新

## 一、高等数学教师培训的内容

### (一) 师德师风

#### 1. 高等数学教师职业道德的坚守

在高等数学的教育殿堂中，高等数学教师不仅是知识的传播者，更是学生的心灵导师。因此，培养高等数学教师的职业道德和责任感，树立高尚的职业道德情操，是高等数学教师师德风培训的核心内容。在培训中，高等数学教师职业道德规范被放在首要位置。高等数学教师职业道德规范不是一纸空文，而是每一位高等数学教师应当内化于心、外化于行的行为准则。它涵盖了诚实守信、敬业爱生、严谨治学、团结协作等多个方面，为高等数学教师的职业行为划定了清晰的界限。通过深入学习高等数学教师职业道德规范，高等数学高等数学教师能够更加明确自己的职业使命和社会责任。他们将以身作则，成为学生的楷模和榜样，用自己的言谈举止影响每一个学生的成长。同时，高等数学教师培训还着重强调高等数学教师的责任感。高等数学作为一门基础学科，对学生的思维能力和科学素养的培养具有举足轻重的作用。因此，高等数学教师必须以高度的责任感对待教学工作，精益求精，不断探索和创新教学方法，以提升教学质量和效果。在这个过程中，高等数学教师逐渐培养高尚的职业道德情操。他们不仅应该关注学生的学术成长，更应重视学生的全面发展，努力成为学生成长道路上的引路人和知心朋友。高等数学教师对职业道德的坚守，不仅表现为对自身素养的提升，更表现为对学生未来的负责和担当。

### 2. 塑造师风

职业操守是高等数学教师在职业活动中应当遵循的行为规范和准则，体现了高等数学教师的专业素养和职业道德水平。在培训中，高等数学教师将深入了解职业操守的内涵和要求，明确自己在教学、科研、管理等方面的职责和义务。他们将以严谨的态度对待教学工作，认真备课、上课、批改作业，确保教学质量和效果。同时，高等数学教师还要注重与学生的沟通和交流，尊重学生的个性和差异，关注学生的需求和困惑，努力营造和谐、积极的学习氛围。此外，高等数学教师还要在科研活动中坚守学术道德和学术规范，杜绝学术不端行为，维护学术的纯洁性和严肃性。在管理方面，高等数学教师要积极参与高等教育的教学管理和学术活动，为高等教育的改革发展贡献自己的力量。通过职业操守的锤炼，高等数学教师将逐渐形成严谨、敬业、爱生、奉献的师风。这种师风不仅可以塑造高等数学教师自身的形象，而且可以滋养和熏陶学生的心灵。在高等数学的教育道路上，每一位高等数学教师都应以高尚的师德师风为引领，为学生的成长和发展保驾护航。

## （二）教学理论与技能

### 1. 教学理论

在高等数学教师教学理论与方法培训中，教学理论的学习是基石。这一部分的内容旨在帮助高等数学教师建立起坚实的教育学基础，使他们能够科学地开展教学。教学理论聚焦于如何有效地组织、实施和评价教学活动，包括教学目标的设定、教学内容的选择与组织、教学策略的运用以及教学评估的方法等。通过学习教学理论，高等数学教师能够更加明确自己的教学方向，提升教学实践的针对性和有效性。

### 2. 教学技能

教学技能是高等数学教师教学理论与方法培训中的核心环节。而课程设计是高等数学教师必须掌握的一项重要技能，要求高等数学教师根据学生的实际情况、学科特点以及教学目标，合理规划教学进度，安排教学活动。好的课程设计不仅能够激发学生的学习兴趣，还能帮助他们系统地掌握学科知识。在教学方法上，高等数学教师需要学习和掌握多种教学策略，如讲授法、讨论法、案例分析法等，并能够根据教学内容和学生的不同特点进行灵活运用。此外，课堂管理也是教学技能的重要组成部分，涉及如何营造积极的学习环境、维护课堂秩序、处理学生问题等内容。有效的课堂管理不仅能够提高教学效率，还能促进学生积极参与和进行自主学习。通过教学技能的学习和训练，高等数学教师能够更加自信地面对教学挑战，提升教学质量。

## （三）学科知识与跨学科知识

### 1. 学科知识

在高等数学教师培训中，学科知识的更新与深化是不可或缺的一环。高等数学作为一门基础学科，其概念抽象、逻辑严密，要求高等数学教师具备深厚的学科功底。高等数学教师需要系统学习和掌握高等数学的基本概念、原理和理论。这是教学的基础。同时，随着数学研究的不断深入和科技的快速发展，高等数学也在不断更新和扩展。因此，高等数学教师需要关注最新的研究成果和前沿动态，了解数学在各个领域的应用和发展趋势。这不仅能够提升高等数学教师的专业素养，还能使他们在教学中引入新的思想和观点，激发学生的学习兴趣和探索欲。通过学习新的学科知识，高等数学教师能够更好地驾驭教学内容，引导学生深入理解和掌握高等数学的核心思想和学习方法。

## 2. 跨学科知识

在高等数学教育中，鼓励高等数学教师学习跨学科知识对于拓宽其学术视野、提升其综合素质具有重要意义。高等数学教师培训的内容应涵盖与高等数学相关的其他学科领域的知识和方法，如物理学、工程学、计算机科学、经济学等。通过学习跨学科知识，高等数学教师可以更好地理解高等数学在实际应用中的价值和意义，从而在教学过程中更好地引导学生将数学知识与实际问题相结合。此外，跨学科知识的学习还可以激发高等数学教师的创新思维和创造力，促使他们探索新的教学方法和手段，以提高高等数学教学的吸引力和实效性。例如，在物理学的学习中，高等数学教师可以利用高等数学来描述和解决物理问题；在计算机科学的学习中，高等数学教师可以利用编程和算法来实现数学计算和模拟等。通过跨学科知识的融合与应用，高等数学教师可以培养具备跨学科素养和创新能力的优秀人才。

## （四）现代教育技术和信息化教学设计与实施

### 1. 现代教育技术

在高等数学教育中，现代教育技术扮演着至关重要的角色。高等数学教师培训的内容应聚焦于如何高效运用现代教育技术来增强教学效果。多媒体教学是其中的核心部分，涵盖利用 PPT、视频、音频、动画等多媒体元素来呈现复杂的数学概念、公式和定理。通过生动的图像、动态的演示和清晰的讲解，高等数学教师可以帮助学生更好地理解抽象的数学知识。此外，网络教学和远程教育也是现代教育技术的重要组成部分。这些技术打破了传统教室的界限，使得高等数学教学可以跨越地域限制，为更多学生提供高质量的教育资源。高等数学教师培训内容应包括如何设计和开发网络课程、如何利用在线平台进行实时互动、如何评估和接受管理远程教育学生的学习进度等。掌握了现代教育技术，高等数学教师可以更加灵活地开展教学活动，提高教学效率和质量。

## 2. 信息化教学设计与实施

信息化教学设计与实施是高等数学教育中不可或缺的一环。高等数学教师培训的内容应着重于如何运用电子教学资源、多媒体技术和网络教学平台等工具，设计出符合现代教学需求的课程。首先，高等数学教师需要学习如何整合和利用各类电子教学资源，如数字化教材、在线题库、虚拟实验室等，以丰富教学内容和形式。其次，掌握多媒体技术的运用，如高等数学教师应学会使用数学软件（如 MATLAB、Mathematica）进行图形绘制、模拟实验和数据分析等，以直观展示数学现象和规律。最后，网络教学平台的使用也是培训的重点。高等数学教师需要学习如何创建和管理在线课程、如何设计互动环节以促进学生参与、如何利用数据分析工具来监测学生的学习进展等。通过信息化教学设计与实施，高等数学教师可以营造出更加生动有趣、高效互动的学习环境，提升学生的学习兴趣和效果。

# 二、高等数学教师培训的方法创新

## （一）网络培训与个人自学相结合

### 1. 网络培训

在高等数学教师专业成长道路上，网络培训已成为一种高效且灵活的学习方式。全国高校高等数学教师网络培训平台和移动学习平台的兴起，为高等数学教师提供了前所未有的学习便利。通过这些平台，高等数学教师们可以参与到同步直播培训中，与全国各地的同行实时交流，共享最新的教学理念和方法。在线点播培训则允许高等数学教师根据个人时间安排，自由选择学习内容，随时回顾和巩固知识点。此外，专项培训针对高等数学教学中的特定问题或技能进行深入探讨，帮助高等数学教师解决教学中的实际难题。网络培训的优势在于，其不受时间和地点的限制，使得高等数学教师们能够在繁忙的教学工作之余，找到合适的学习时段，促进专业发展。同时，网络平台的丰富资源和互动功能，如在线论坛、专家答疑等，为高等数学教师提供了多元化的学习支持。这种培训方式不仅有助于提升高等数学教师的教学水平，还能促进高等数学教师之间的交流与合作，形成积极向上的学习氛围。

### 2. 个人自学

个人自学是高等数学教师专业成长中不可或缺的一环，强调高等数学教师的主体性和自主性，鼓励高等数学教师根据个人需求和兴趣，选择适合自己的学习资源和方式进行自学。高等学校在这方面扮演着重要角色，应提供丰富多样的学习材料和资源支持，包括电子图书、在线课程、教学视频、学术论文等。这些资源应涵盖高等数学的各个领域，从基础理论到前沿研究，满足不同层次高等数学教师的需求。个人自学的优势在于灵活性和针对性。高等数学教师可以根据自己的教学实际，有针对性地选择学习内容，解决教学过程中的具体问题。同时，自学过程也是高等数学教师自我反思和提升的过程，有助于培养高等数学教师的独立思考能力和创新精神。通过个人自学，高等数学教师不仅可以深化对数学知识的理解，还能拓宽视野，提升教学水平和科研能力。

## （二）混合式培训

### 1. 线上与线下相结合

在高等数学教师的案例式培训中，线上与线下相结合的方式逐渐成为主流。线上学习以其灵活性和便捷性，为高等数学教师们提供了一个随时随地学习的平台。通过线上平台，高等数学教师们可以轻松获取到丰富的教学资源和培训材料，自主安排学习时间和进度，从而实现个性化学习。而线下学习则以其实效性和互动性，为高等数学教师们提供了一个实践操作和互动交流的场所。在线下培训中，高等数学教师们可以亲自参与到教学实践活动中，通过模拟教学、教学研讨等方式，将通过线上学习学到的理论知识转化为实际的教学技能。同时，高等数学教师们还可以与同行们进行面对面的交流和讨论，分享彼此的教学经验和心得，共同探讨教学中遇到的问题和解决方案。线上与线下相结合的方式，充分发挥了两种学习方式各自的优势，实现了优势互补、相互促进。这种培训方式不仅能够提升高等数学教师们的学习效率和学习效果，更能够提高他们的学习热情和参与度。在高等数学教师的案例式培训中，线上与线下相结合的方式以其独特的魅力，为高等数学教师们的教学成长和职业发展注入了新的活力和动力。

## 2. 任务驱动式培训

任务驱动式培训是一种高效的高等数学教师培训模式。它通过设置具体任务，让高等数学教师在完成任务的过程中学习和掌握新知识、新技能。这种培训方式强调实践性和参与性，能够提高高等数学教师的学习积极性和参与度。在任务驱动式培训中，任务的设计至关重要。任务应紧紧围绕高等数学教学的实际需求，既具有挑战性又具有可操作性。例如，设计一些教学案例分析、教学设计、教学实施等任务，让高等数学教师在实践中学习和体验新的教学理念和方法。同时，任务驱动式培训的优势在于其能够将理论与实践紧密结合，使高等数学教师在完成任务的过程中不断反思和提升自己的教学能力。通过完成任务，高等数学教师不仅能够掌握新的知识和技能，还能增强自信心和成就感，从而更加积极地投入教学中。这种培训方式有助于培养高等数学教师的问题解决能力和创新能力，推动高等数学教学的改革与发展。

## （三）案例式培训方式

### 1. 经典案例分享

在高等数学教师的案例式培训中，经典案例分享无疑是一个至关重要的环节。通过学习国内外成功的教学案例，高等数学教师们能够跨越地域和时间的限制，汲取优秀高等数学教师的宝贵经验。这些案例不仅涵盖了教学方法的创新、教学策略的优化，还包含激发学生学习兴趣、培养学生数学思维能力等多个方面。在分享过程中，培训者会详细剖析每个案例的背景、实施过程以及所取得的成效，帮助高等数学教师们深入理解案例的精髓。同时，通过案例的对比和分析，高等数学教师们能够发现自己在教学中的不足和差距，从而激发他们改进教学的动力和创新意识。经典案例分享不仅为高等数学教师们提供了一个学习和借鉴的平台，更为他们打开了一扇通往数学教学新境界的大门。通过深入研究和思考这些案例，高等数学教师们能够不断拓宽自己的教学视野，提升自己的教学理念。他们会在案例中寻找到与自己教学实际相契合的点和面，进而将优秀的经验和做法融入自己的教学中，实现教学质量和教学效果的提升。

### 2. 教学案例分析与研讨

教学案例分析与研讨是一种有效的实践导向培训活动。通过典型的教学案例，高等数学教师可以进行深度剖析与研讨，从而提升自己的教学实践能力。在教学案例分析中，高等数学教师需要对案例中的教学情境、教学策略、学生反应等进行深入研究，找出其中的成功之处和不足之处。这种分析过程，不仅锻炼了高等数学教师的批判性思维能力，还让他们更加清晰地认识到有效教学的关键因素，为提升教学质量奠定了坚实的基础。

### （四）教学实习与观摩

教学实习与观摩为高等数学教师提供了宝贵的学习机会。通过组织高等数学教师到优秀教育机构进行实地考察与学习，高等数学教师可以近接触到先进的教学理念和方法。这种学习方式不仅让高等数学教师能够直观地感受到优秀教学课堂的氛围，还能让他们深入学习优秀高等数学教师的教学技巧和策略。在教学实习过程中，高等数学教师有机会亲自参与教学活动，与优秀高等数学教师进行面对面的交流，从而获得宝贵的教学经验。而观摩则让高等数学教师以旁观者的身份，客观地分析和评价教学过程中的优缺点，进而汲取精华，为教学实践提供有益的借鉴。这样的培训活动，无疑能够极大地提升高等数学教师的教学能力，促进他们的专业成长。

# 第四节　高等数学教师评价与激励机制的构建

## 一、高等数学教师评价机制的构建

### （一）高等数学教师评价的原则

#### 1. 综合性

在构建高等数学教师的评价机制时，评价机制应当全面涵盖高等数学教师的工作热情、工作态度、教学能力、教学效果等多个方面，以确保评价的精准性和全面性。工作热情是驱动高等数学教师不断前进的动力源泉，体现为高等数学教师对教学工作热爱、对学生关心以及对教育事业有执着追求。良好的工作态度则反映了高等数学教师的职业素养高和责任心强，包括备课认真、教学严谨、对学生有耐心等内容。教学能力是高等数学教师胜任教学工作的基础，包括教学方法的多样性、教学内容的丰富性、教学技巧的熟练程度等。而教学效果则是评价高等数学教师工作成果的直接体现，关乎学生对知识的掌握程度、能力的提升以及学习兴趣的激发。只有综合考虑这些方面，才能对高等数学教师进行全面、准确的评价，进而为高等数学教师的专业发展提供有力的支持。

### 2. 客观性

在高等数学教师的评价过程中，为了实现评价的客观性，应采用量化与质性相结合的评价方式，尽可能减少主观因素的影响。量化评价可以通过具体的数据和指标来衡量高等数学教师的工作成果（如学生的考试成绩、论文发表数量等数据）能够直观反映高等数学教师的教学效果和科研能力。而质性评价则更注重对高等数学教师教学过程的深入观察和分析，如教学设计的创新性、课堂互动的有效性等能够体现高等数学教师的教学质量和特色。量化评价与质性评价的有机结合，可以更加客观、全面地反映高等数学教师的真实水平，提高评价的准确性和公信力。

### 3. 发展性

对高等数学教师的评价不仅应关注高等数学教师的教学成果，更应重视高等数学教师的专业成长和发展潜力。这意味着不仅要对高等数学教师的当前表现进行评价，还要为高等数学教师的未来发展提供指导和支持。通过评价，高等学校可以发现高等数学教师在教学和科研方面的优势和不足，进而为高等数学教师制订个性化的成长计划，提供必要的培训和学习资源。同时，评价还应鼓励高等数学教师积极探索新的教学理念和方法，勇于创新和实践，以不断提升自己的专业素养和教学能力。只有这样，才能激发高等数学教师的内在动力，促进他们的持续成长和发展。

### 4. 多样性

为了获得更加全面、客观的评价结果，应当结合家长评价、同行评价、自我评价等多种评价方式，构建多元化的高等数学教师评价体系。家长评价从学生的角度出发，反映高等数学教师对学生的学习关注和指导效果；同行评价则从专业角度对高等数学教师的教学能力和科研水平进行评判，提供有益的反馈和建议；自我评价则能够让高等数学教师对自己的工作进行反思和总结，明确自己的优势和不足。这些评价方式各有优势，相互补充，能够更加全面、准确地反映高等数学教师的真实教学情况。同时，多样化的评价方式还能够增强评价的公信力和说服力，促进高等数学教师的专业成长和发展。

## （二）高等数学教师评价的内容

### 1. 教学责任感

在高等数学教师的评价体系中，教学责任感是衡量其职业素养的重要维度。这一指标不仅涵盖了高等数学教师对教学是否有热情与责任感，还体现在是否耐心答疑和备课的充分程度上。一位具有强烈教学责任感的高等数学教师，会以极大的热情投入教学工作中。他们深知自己不仅肩负传授知识的重任，更是培养学生逻辑思维与解决问题能力的关键。这样的高等数学教师，在面对学生的疑问时，总能耐心细致地进行解答，不厌其烦地帮助学生克服学习障碍。同时，他们在备课方面也极为严谨，不仅深入研读教材，还会结合学生的实际情况，精心设计教学方案，力求每一堂课都能达到最佳的教学效果。这种对教学的高度责任感，是高等数学教师不可或缺的品质，也是评价其教学质量的重要依据。

### 2. 教学手段

教学手段的多样性与创新性，是评价高等数学教师教学质量的一个重要方面。随着教育技术的不断进步，单一的传统讲授方式已难以满足现代教学的需求。因此，高等数学教师是否能够灵活运用互动式教学、案例分析等多种教学方法，以及能否有效利用多媒体等现代教学技术，成为衡量其教学能力的重要标准。互动式教学能够激发学生的学习兴趣，促进师生间的有效沟通；案例分析则有助于学生将理论知识与实践相结合，提升解决问题的能力。而多媒体技术的运用，则能使抽象的数学概念变得直观易懂，极大地提高教学效率。一名优秀的高等数学教师，应当不断探索和实践新的教学手段，以适应时代发展的需要，为学生提供更加优质的教学体验。

### 3．教学内容的全面性

教学内容的全面性是评价高等数学教师教学质量的基础。高等数学作为一门基础学科，其知识体系庞大且复杂，要求高等数学教师在安排教学内容时，必须紧密围绕课程大纲和教学目标，确保内容的系统性和完整性。一方面，高等数学教师要全面覆盖课程大纲所要求的知识点，不遗漏任何一个重要环节；另一方面，高等数学教师要根据学生的实际水平和需求，对内容进行适当的拓展和深化，以满足不同层次学生的学习需求。同时，高等数学教师还应注重知识间的内在联系，帮助学生构建完整的知识框架，为他们的后续学习和深入研究打下坚实的基础。因此，在评价高等数学教师的教学质量时，对教学内容的全面性进行考查是必不可少的环节。

### 4．学生学习效果

学生学习效果是评价高等数学教师教学质量最直接的指标。这一指标主要从学生的学习成绩、课堂表现、作业完成情况等多个维度来综合考量。一名优秀的高等数学教师，不仅能够将复杂的数学知识讲解得清晰易懂，还能够激发学生的学习兴趣，引导他们主动探索和学习。在这样的教学引导下，学生的学习成绩自然会显著提升，课堂表现也会更加积极。同时，通过对学生作业完成情况的细致分析，高等数学教师还可以及时发现学生在学习中存在的问题和不足，从而有针对性地进行辅导和纠正。因此，学生学习效果的好坏，不仅反映了高等数学教师的教学水平，还体现了高等数学教师对学生个体差异的关注和尊重。在评价高等数学教师时，这一指标无疑具有举足轻重的地位。

## （三）高等数学教师评价的方式

### 1．多维度评价

在高等数学教师评价的过程中，多维度评价是确保评价结果全面、客观的关键。这种评价方式不仅关注学生的考试成绩，更从多个角度对高等数学教师的教学表现进行审视。其中，教学能力是评价的重要一环，包括高等数学教师对高等数学知识的掌握程度、教学方法的运用能力、课堂组织与管理能力等。通过观摩高等数学教师的教学过程、分析教学案例以及听取学生和同行的反馈，可以对高等数学教师的教学能力进行全面评估。

同时，评价时应关注高等数学教师的论文发表情况、参与的科研项目以及所取得的学术成果等，以此衡量高等数学教师的学术水平和研究能力。此外，高等数学教师的职业道德和责任感也是评价中不可或缺的一部分。高等数学教师作为学生的引路人，他们的言谈举止会对学生产生深远的影响。因此，应注重评价高等数学教师的职业道德、对学生的关爱程度以及在教学过程中的责任心等，以确保高等数学教师能够以身作则，为学生树立良好的榜样。

### 2. 科学量化高等数学教师的教学效果

在高等数学教师评价的方式中，定量评价主要通过学生的考试成绩、课程通过率等客观数据来衡量高等数学教师的教学效果。这些数据能够直观地反映学生对知识的掌握程度以及高等数学教师的教学水平，为评价提供了有力的依据。而定量评价往往无法全面反映高等数学教师的教学特点和风格。因此，定性评价成为定量评价的重要补充。定性评价主要通过观察高等数学教师的教学过程、分析教学案例、听取学生和同行的反馈等方式，对高等数学教师进行全面评价。这种评价方式能够更加全面地了解高等数学教师的教学特点和优势，为评价提供更为丰富的信息。在定量与定性结合的评价方式下，高等数学教师的教学效果得到了科学而全面的量化。这种评价方式不仅能够准确地反映高等数学教师的教学水平，还能够为高等数学教师提供有针对性的改进建议，促进其教学成长和职业发展。

### 3. 建立高等数学教师评价的长效机制

高等数学教师的评价不应仅仅是一次性的活动，而应成为促进高等数学教师持续发展的长效机制。对此，需要不断完善和优化评价体系，以确保评价结果的客观性和公正性。同时，评价结果应及时反馈给高等数学教师，让他们了解自己在教学、科研和职业道德等方面的表现，从而明确自己的发展方向和目标。在构建长效机制的过程中，还需要注重高等数学教师的自我评价和反思。高等数学教师通过进行自我反思，可以更加深入地了解自己的教学特点和不足，从而有针对性地改进教学方法和策略。同时，自我评价还能够激发高等数学教师的内在动力，促进他们的自主成长和职业发展。此外，高等教育应为高等数学教师提供持续的专业发展支持。这包括定期的教学研讨、学术交流、培训课程等，以帮助高等数学教师不断更新知识结构，提升教学能力和学术水平。通过这些措施，可以构建一个良性循环的评价体系，推动高等数学教师的持续发展，为数学教育的进步贡献力量。

## 二、高等数学教师激励机制的构建

### （一）物质激励

#### 1. 薪酬激励

在高等数学教师的物质激励体系中，薪酬激励是最直接且有效的方式之一。一个公平、透明的薪酬体系能够准确反映高等数学教师的工作价值，激励他们不断提升教学水平和科研能力。薪酬激励应根据高等数学教师的评价结果和贡献进行动态调整，确保优秀高等数学教师能够获得与其付出相匹配的回报。具体来说，薪酬激励包括基本工资、绩效奖金和年终奖等多个方面。基本工资应体现高等数学教师的基本劳动价值，而绩效奖金则应与高等数学教师的教学质量、科研成果、学生评价等挂钩。年终奖则可以作为对高等数学教师全年工作的总结和奖励，进一步激发高等数学教师的工作积极性。此外，还可以设立特殊贡献奖，对在教学、科研、学科建设等方面取得突出成绩的高等数学教师进行额外奖励，以此鼓励高等数学教师追求卓越，不断突破自我。

#### 2. 福利保障

除了基本的薪酬激励外，高等学校还应为高等数学教师提供全面的福利保障，以解除他们的后顾之忧，增强其归属感。福利保障应涵盖医疗保险、养老保险、住房补贴等多个方面。医疗保险和养老保险能够为高等数学教师提供长期稳定的保障，让他们在面对疾病和老年生活时更加从容。住房补贴则可以帮助高等数学教师解决住房问题，减轻他们的生活压力。此外，高等教育还可以为高等数学教师提供其他福利，如带薪休假、节日福利、健康体检等，以营造更加舒适、充满关怀的工作环境。通过提供完善的福利保障，高等学校不仅能够吸引更多优秀高等数学教师加入，还能够激励现有高等数学教师更加专注于教学和科研工作，为高等教育的发展贡献更多力量。

## （二）精神激励

### 1. 荣誉表彰

在高等数学教育领域，荣誉表彰是对高等数学教师辛勤付出和取得卓越成就的一种重要精神激励方式。对于表现优秀的高等数学教师，高等学校应给予充分的肯定和表彰，以激发他们的工作热情和创造力。这种表彰可以体现在多个层面，如颁发荣誉证书、授予荣誉称号等。荣誉证书不仅是对高等数学教师个人能力的认可，更是对其在教育教学方面所做贡献的肯定。而荣誉称号，如"优秀高等数学教师""教学名师"等，则能进一步提升高等数学教师的职业荣誉感和社会地位。此外，高等学校还可以将这些荣誉与高等数学教师的绩效考核、职称评定等挂钩，从而形成更为完善的激励机制，鼓励更多高等数学教师在高等数学教学中追求卓越，不断突破自我。

### 2. 职业发展

为高等数学教师提供广阔的职业发展空间和晋升机会，是激发其工作积极性和创新能力的关键。在职业发展方面，高等学校应鼓励和支持高等数学教师参加国内外学术交流活动，这不仅能拓宽高等数学教师的学术视野，还能促进他们与国际先进教学理念接轨。同时，高等学校可以积极为高等数学教师争取和创造担任学术职务的机会，如成为学术期刊的编委、参与重要科研项目等，以便有效提升高等数学教师的学术影响力和职业地位。此外，高等学校还应建立完善的高等数学教师培训体系，定期组织培训和研讨活动，帮助高等数学教师更新知识结构，提升教学技能。这样，高等数学教师可以感受到高等学校对其职业发展的重视和支持，从而更加积极地投入高等数学的教学与研究中。

### 3. 工作认可

工作认可是对高等数学教师精神激励的重要组成部分。每位高等数学教师都渴望自己的工作得到认可和赞赏，这不仅是对他们努力的肯定，也是其价值的体现。高等学校可以通过多种方式来表达对高等数学教师工作的认可，如公开表扬、感谢信等。公开表扬可以在全校范围内进行，通过校园网、校报等渠道广泛传播，让高等数学教师感受到来自高等学校和同事的尊重与肯定。而感谢信则可以更加具体地表达高等学校对高等数学教师个人工作的感激之情。这种个性化的认可方式往往能更加深入地触动高等数学教师的内心。除了这些形式上的认可外，高等学校还可以在实际工作中给予高等数学教师更多的支持和帮助，如提供充足的教学资源、减轻不必要的工作负担等，让高等数学教师感受到高等教育的关怀和支持，从而更加积极地投入高等数学的教学工作中。

## （三）环境氛围激励

舒适、和谐的工作环境能够激发高等数学教师的工作热情和创造力，提升他们工作效率和满意度。在教学设施方面，高等学校应为高等数学教师提供现代化的教学设备和资源，如智能教室、多媒体教学系统等，以满足他们多样化的教学需求。在办公环境方面，高等学校则应注重舒适性和人性化设计，为高等数学教师提供宽敞明亮的办公空间、便捷的办公设施以及舒适的休息区域。此外，和谐的团队氛围也是环境氛围激励的重要组成部分。高等学校应鼓励高等数学教师之间开展交流与合作，建立有效的沟通机制，共同解决问题和分享经验。高等学校可以通过组织各种团队活动、学术研讨会等，增强高等数学教师之间的凝聚力和归属感，营造积极向上的工作氛围。

# 参考文献

［1］黄梅花. 高等数学教学思维导图应用研究［M］. 长春：吉林大学出版社，2022.

［2］苗慧. 信息化背景下高职高等数学教学创新研究与实践［M］. 杭州：浙江工商大学出版社，2022.

［3］严培胜. 基于超星学习通的高等数学在线教学实践探索［M］. 北京：科学出版社，2019.

［4］王明，丁慧剑. 高等数学解题方法探究［M］. 哈尔滨：东北林业大学出版社，2023.

［5］薛安阳，吕亚妮，王洁. 高等数学思维培养与解题方法研究［M］. 哈尔滨：黑龙江大学出版社，2023.

［6］程艳，车晋. 高等数学教学理念与方法创新研究［M］. 延吉：延边大学出版社，2022.

［7］吴海明，梁翠红，孙素慧. 高等数学教学策略研究和实践［M］. 北京：中国原子能出版社，2022.

［8］储继迅，王萍. 高等数学教学设计［M］. 北京：机械工业出版社，2020.

［9］杨丽娜. 高等数学教学艺术与实践［M］. 北京：石油工业出版社，2019.

［10］范林元. 高等数学教学与思维能力培养［M］. 延吉：延边大学出版社，2019.

［11］冯秋芬. 高职应用数学［M］. 重庆：西南师范大学出版社，2021.

［12］侯风波. 高等数学辅导教程［M］. 北京：高等教育出版社，2019.

［13］吴建春. 高等数学基础［M］. 重庆：重庆大学出版社，2019.

［14］吕秀英. 高等数学基础教程［M］. 北京：知识产权出版社，2021.

［15］余亚辉，魏巍，李振平. 高等数学课程思政教学设计［M］. 北京：中国建材工业出版社，2022.

［16］李伟，陈洪. 关于高考数学的若干研究［M］. 成都：西南交通大学出版社，2022.

［17］沈跃云，马怀远. 应用高等数学［M］. 北京：高等教育出版社，2019.

［18］金正猛，王正新，杨振华，等. 数学实验［M］. 北京：科学出版社，2022.

［19］杨宏晨. 高等数学辅导［M］. 徐州：中国矿业大学出版社，2019.

［20］欧阳正勇. 高校数学教学与模式创新［M］. 北京：九州出版社，2020.

［21］唐立华. 向量与立体几何［M］. 上海：上海科技教育出版社，2023.

［22］周宁医，李传峰，任念兵，等. 指向数学核心素养的任务设计［M］. 上海：上海教育出版社，2021.

［23］薛峰，潘劲松. 应用数学基础［M］. 北京：高等教育出版社，2020.

［24］王晓军. 陈建功院士的数学教育思想与传播［M］. 杭州：浙江大学出版社，2023.

［25］孙庆括，潘腾，徐向阳. 数学教育研究方法与案例［M］. 南昌：江西高校出版社，2022.

［26］陈蓓. 数学核心素养评价研究［M］. 南京：南京大学出版社，2021.